世纪波

Century Wave

U0811357

《纽约时报》畅销书《奥兹法则》姊妹篇

奥兹的智慧

勇担个人责任，站到成功线上

（修订版）

[美] 罗杰·康纳斯　汤姆·史密斯_著
吴景辉_译

THE WISDOM OF OZ

Using Personal Accountability to Succeed in Everything You Do

電子工業出版社
Publishing House of Electronics Industry
北京·BEIJING

Roger Connors and Tom Smith: The Wisdom of Oz: Using Personal Accountability to Succeed in Everything You Do
ISBN: 978-1591847151

图书在版编目（CIP）数据

奥兹的智慧：勇担个人责任，站到成功线上：修订版 /（美）罗杰 •康纳斯（Roger Connors），（美）汤姆 • 史密斯（Tom Smith）著；吴景辉译. —北京：电子工业出版社，2019.6

书名原文：The Wisdom of Oz: Using Personal Accountability to Succeed in Everything You Do

ISBN 978-7-121-36733-5

Ⅰ. ①奥… Ⅱ. ①罗… ②汤… ③吴… Ⅲ. ①责任感－通俗读物 Ⅳ. ①B822.9-49

中国版本图书馆 CIP 数据核字(2019)第 121700 号

责任编辑：王　斌
印　　刷：三河市鑫金马印装有限公司
装　　订：三河市鑫金马印装有限公司
出版发行：电子工业出版社
　　　　　北京市海淀区万寿路 173 信箱　　邮编 100036
开　　本：880×1230　1/32　印张：6　字数：77 千字
版　　次：2015 年 6 月第 1 版
　　　　　2019 年 6 月第 2 版
印　　次：2019 年 6 月第 1 次印刷
定　　价：36.00 元

凡所购买电子工业出版社图书有缺损问题，请向购买书店调换。若书店售缺，请与本社发行部联系，联系及邮购电话：（010）88254888，88258888。

质量投诉请发邮件至 zlts@phei.com.cn，盗版侵权举报请发邮件至 dbqq@phei.com.cn。

本书咨询联系方式：（010）88254199，sjb@phei.com.cn。

The WISDOM

出版者的话

OZ

还记得陪伴我们童年的《绿野仙踪》吗?

小女孩桃乐茜被一场龙卷风带到奇妙的“奥兹国”，在寻求奥兹魔法师帮助的过程中，经历了一系列冒险后最终成功回到家乡。还有那些她在路上结识的小伙伴们：没有头脑的稻草人，缺少心脏的铁皮人和寻找勇气与胆量的狮子，他们虽然各有缺陷，但一直在努力寻找克服自身弱点、让自己进步的方法。

如果我们也遭遇了一场龙卷风，一切都变得陌生、糟糕或不可控，你是否也想寻求魔法师的帮助，期望那神奇的魔法棒一挥，一切就变得美好起来？而在这个故事中，最后他们之所以能实现愿望，实际上与毫无能力的魔法师没有一丁点关系，因为这一切都源自他们内心对实现目标的承诺。正因为有了这样的承诺和履行承诺的责任意识，他们才能获得强大的内生力量，去征服恐惧和挑战，齐心协力得到他们想要的最好结果。

本书就是从这个经典的童话故事中获得启示，提炼出成功者的必备素质——个人责任担当，并教你如何实践和获得这个素质。作为“责任和改变主题的全球级专家”，罗杰和汤姆在他们的畅销书《奥兹法则》（*The OZ Principle*）中首次提出这种强大的责任担当哲学。以《奥兹法则》为基础，罗杰和汤姆通过系列图书、工作坊等在过去 25 年中帮助世界上很多顶尖的商界领袖和组织实现了组织、个人的伟大成功。和他们一起工作的领导者已经成为行业明星，被誉为在他们的专业领域最具影响力的人。两位作者提出的以提高个人责任意识为核心的奥兹智慧，对全球数百万人的生活质量有着不可思议的影响。他们的工作创造了数十亿美元的股东财富，以及许多世界上最好的工作场所。本书正是两位作者的最新力作。

实践证明，奥兹法则的传播和应用带来了很大的改变与财富，以及一系列更重要的成果。因此，我们可以说，**个人责任意识其实就是那支神奇的魔法棒，它能赋予你神奇的力量，帮助你提高自己，并改善周围的一切。**

当释放出个人责任担当的积极信号时，你就会得到源源不断的能量，它能改变你的生活方式，带给你实质的能力提升，帮助你提高进行思考、承受逆境和产生自信的能力，并增强你的情感、心理和知识的力量。本书作者坚信它的价值，因为它已经在他们自己和世界上许多成功的、有影响力的人身上得到了印证。

如果你需要在生命中获取更好的未来和更大的成功，你就必须阅读本书。作者承诺将帮助你实现你的梦想！

前言

The WISDOM of OZ

《奥兹的智慧》不仅仅是一本关于个人责任力量的书籍，它还指出了任何事情之所以获得成功的源泉。简言之，当释放出个人责任担当的力量时，你的生活方式将会发生巨大的变化。我们在本书中探讨的不是虚幻的超级英雄的力量，而是真实、具体的，能帮助你清晰思考、承受逆境、产生自信的能力，并通过加强情感、心理和知识的力量来帮助你做成你想做的事情。我坚信它的价值，因为它已经在我们和无数人的生活中得到了见证。

我们以前出版的《奥兹法则》一书首次引入了这

种强大的责任哲学。自那以后，数以百万计的人称我们为“奥兹小子”。多年来，我们已经帮助世界各地的领导者传播和应用这些在工作中会用到的原则，并为他们带来了数十亿美元的财富，以及一系列更为重要的成果。他们获得了更理想的成果，并不断改善。同时，这些变革极大地提升了他们达成目标的能力，如带来拯救生命的药物，改善社区学院的教育水平，超额完成慈善筹款，改善战地医院的医疗条件等。

也许这些原则不一定会为你的生活带来翻天覆地的变化，但是你可以去达成一些伟大的愿望——至少对你而言是伟大的。勇于担当是绝佳策略，这种责任哲学将全心全意帮助你实现愿望。《奥兹的智慧》将告诉你别人是怎么做到的，以及你该如何去做。

《奥兹的智慧》中的关键原则基于非常简单的事实：你不能让情境决定你是谁、你应该做什么。这种念头只会带来负面效果，麻痹你进行快速、清晰、有创造力思考的能力。相反，你必须为了掌控自我、塑造自我而承担起责任。勇担责任，完成正面、积极的事情，你将悄然扭转局面。

当然，说起来容易，做起来难！为了看到生活中这些原则的作用，本书将分享一些战胜过挑战的人的故事。例如，一个纽约渔民战胜了寒冷的冰水，他从捕虾船掉进海里后，独自在冰冷的大西洋上漂流了12 小时，奇迹般生存下来；某种特质激发出了一名大学四年级女生的潜能，使她在脸朝下摔倒在 600米的比赛跑道上后，还能迅速站起来继续比赛，并获得胜利；一个 13 岁的足球运动员如何从板凳选手进入首发阵容。你会发现，不会有魔术师去挥动魔杖，问题也不会神奇地自动消失，只有在生活中承担起个人责任，你才能体验到你想要的生活。

我们为什么要用《绿野仙踪》的故事来传达责任的原则？因为它是这样一个故事：因承担个人责任而创造出战胜巨大困难的力量。桃乐茜、铁皮人、稻草人、胆小的狮子都意识到一个重要的真理：没有魔法可以给他们带来他们想要的东西，一切都得自己去争取。

前　言

《奥兹的智慧》指出了一条在生活中承担更大责任从而创造出影响力的康庄大道！最终你会感觉到自己更有能力、更有动力、更加强大。采取承担更大责任的行为，就像前面所说的，将赋予你力量，实现你内心最大的渴望。

The WISDOM 目 of 录 OZ

1

目　录

目 录

6

7

8

1

The
WISDOM
of
OZ

我只要拥有……
它就会带来……

If I Only Had a…

桃乐茜：奥兹国的魔法师？他是好人吗？

葛琳达：他是个好魔法师，但是很神秘。他住在翡翠城，从这儿到那里去将是一段漫长的旅程。你带了巫师的扫帚吗？

桃乐茜：恐怕没有带。

葛琳达：那么，你必须走路去。

桃乐茜：但是我该怎么开始翡翠城之旅呢？

葛琳达：最好从头开始，沿着黄砖路一直向前就是了。

莱曼·弗兰克·鲍姆的小说《绿野仙踪》自从 1900 年面世以来，俘获了世界各地数以百万计的读者。大多数人曾经多次观看 1939 年根据该小说拍摄的经典影片，熟知故事情节和歌曲。为什么桃乐茜、稻草人、铁皮人和胆小的狮子能够触动我们的心灵？就像所有伟大的表演一样，它能激发共鸣，击中要害。我们能从故事人物联想到自我，我们都希望拥有力量、智慧、决心和勇气来帮助自己梦想成真。

想想你要什么？确定那是你真正想要的。我只要拥有……它就会带来……什么呢？会带来晋升或加薪？找到生命中的真爱？改善人际关系？拯救一个生命？挽救一段婚姻？获得一个学位？找到一份新工作？战胜一个长期的挑战或跨越一道障碍？

本书的目的就是帮助你获取这些我们生命中想要的充满价值的东西。但是，过程是艰辛的。

从沙发上站起来，立即行动

2012 年 3 月 22 日，马里共和国总统大选前 35 天，马里军队袭击了总统府，推翻了这个西部非洲国家长达 20 年的民主政权。动乱中，伊斯兰武装分子控制了 2/3 的国土，镇压了马里的民主选举。在距离骚乱中心 40 公里的欧莱斯布谷省一个小城镇，市长耶 · 萨马克说道：“政变就是一个悲剧。当时我情绪低落，走进客厅，倒在沙发上，无法接受这个事实。然后，我的妻子跑过来踢了我一脚。我问她：‘现在我需要的是同情，而你为什么踢我？’她只说了一句话：‘走出去做点什么。’”

无论你是自己从沙发上站起来，还是依靠一点外力的推动，关键是要走出去，去做点什么。萨马克市长的妻子踢了他一脚，让他决定离开沙发，上车，并驱车经过了骚乱中心附近的五个政变军队的检查点。他很快来到一个政变军队的军营，数以百计荷枪实弹、神经紧绷的士兵对他虎视眈眈。萨马克市长为市民创造美好生活的愿望鼓舞和推动他求见政变军队领导人，要求知道“军队为什么会来到这里”。萨马克对他说：“我是来告诉你，权力不应该掌握在军方的手中。”

政变军队首领阿玛杜·萨诺戈上尉被他的勇气打动，邀请萨马克市长在国家电视台对马里全国人民讲话。萨马克在讲话中谴责政变，要求军队还政于民。他说出了他的肺腑之言：“改变不该来自外部，而应该从内部爆发。”耶·萨马克后来成为这个国家民主的声音，在恢复马里总统的民主选举方面，带来了真正的变革。

比起被逆境控制，坐以待毙，耶·萨马克选择了直面现实，克服困难。他做了他所能做的，而不是专注于他不能做的。这就是承担个人责任的力量，我们称之为奥兹的智慧：

只有你释放出个人责任的积极力量，才能战胜你所面对的困难、获得你想要的结果。

上述就是本书的核心观点，理解这一核心观点以及相关原则，将帮助你拥有个人责任的力量。通过《奥兹的智慧》，我们将介绍与个人责任相关的观点，它们被称为“奥兹法则”，是承担伟大责任工作的基石。

发生在萨马克市长身上的故事告诉我们，应该去控制环境而不是被环境所控制。立即行动，去处理你所面临的困境并追求结果是奥兹智慧的核心思想。你很快也会学到，这些个人责任的原则，如果从大处说，足以帮助你改变历史的进程或一个国家的命运；如果从小处说，也可以帮助你改善个人生活的任何方面。所有这一切都归结到你真正想要的是什么，以及你多么希望实现它。

奥兹法则

当你不能控制环境时，不要让环境控制你。

阅读本书时，你会进入一段自我发现之旅，就像桃乐茜和她的新朋友一样，用智慧取代无知，用勇气取代恐惧，用力量取代怯懦，用责任取代受害。你将学习如何利用你已经拥有的内在力量克服任何困难，得到你想要的结果。

没有魔法师挥动魔杖来实现这一切，只有你自己能实现它。当然，你可能会得到一些帮助，但你的成功在很大程度上取决于你的个人努力。就像稻草人、铁皮人、胆小的狮子真心渴望他们拥有“智慧、决心和勇气”一样，你将会发现，当你有了追求并付出行动之后，力量就来了。本书将告诉你如何利用这种力量，即个人责任的力量，跨越任何之前阻挡在你和成功之间的障碍。

世界上有许多“算命先生”，他们凝视着占卜用的水晶球，做出各种各样的他们永远无法兑现的承诺。我们不会这样，本书也不包括这样的内容。我们已经花了几十年时间去研究和应用这些原则，去面对你所能想到的世界上最艰难的挑战。我们没有失败过，因为这些承担更大个人责任的原则能够提供简单、强大和已被证明的解决方案。在后面的章节中，你会读到大量的故事，故事中的主人公正是通过应用这些原则来得到他们想要的东西的。

当意识到你渴望的、更好的和想要的结果，就在你的能力范围内，而且并不超出你的控制，这是非常激动人心的。当然，要获得这些结果，你必须从沙发上站起来去做点事情。虽然沙发似乎是一个舒适的休息空间，但是它的温暖、安全和慰藉正是你生活中更美好结果的最大敌人。

你的沙发是什么？是一份你并不喜欢但感觉安全的工作吗？还是一个你从来没有实现的长期目标呢？是一种你害怕改变会导致破坏的关系吗？或者是一项已得心应手，但为了成长或继续生活不得不放弃的技能？无论是什么，至关重要的是转折点都是"不破不立，破而后立"。"破局"必然导致你离开舒适区，进入未知的仅属于你的"黄砖路"。（"黄砖路"出自《绿野仙踪》，桃乐茜被风刮到奥兹国后无法回家，有人告诉她，只要沿着黄砖铺的路走下去，就能到达翡翠城，找奥兹国的魔法师帮忙。——译者注）

一直如此，为了实现自我理想而进一步承担更大责任，需要"当机立断"的果敢。想想喜剧演员金·凯利，他成长在一个非常贫穷的家庭，一度全家人只能挤在一辆停在草坪上的面包车上。但是凯利深信，他能创造属于自己的未来。在其喜剧生涯早期，凯利的生活处于苦苦挣扎之中。据说，某个晚上，他开着自己的破旧丰田汽车来到好莱坞山顶，坐在那里俯瞰洛杉矶全景，然后掏出支票簿，为自己写了一张 1 000 万美元的支票。他在备注栏写道“演艺服务的回报”，然后放入钱包中。凯利用一支钢笔和空头支票开启他的变革之路，彰显出拥抱变化、承担责任的坚定决心。5 年之后，金·凯利坚定变革的信念给他带来了影视作品在全球范围内的巨大成功，经典作品有《神探飞机头》《变相怪杰》和《大话王》。在职业生涯的巅峰，他每部电影的片酬高达 2 000 万美元。

是不可思议的巧合吗？是运气吗？是魔法吗？难道没有其他的可能？事实上，金·凯利的成功证明了个人责任的力量。应用这些责任原则，并不需要你富裕或有名气。这些责任原则同样适用于家庭成员、邻居或你本人。

讲个故事。珍妮有一天回到家里发现了一张纸条，上面写有她丈夫的真心话，他俩的婚姻是一个悲剧，并“正在设法让她离开”。眨眼之间，深爱着丈夫的她被他的真心话彻底击溃了。接下来的几个月里，她感觉到沮丧、生活失去动力和孤独。她躲在自己的房间里，几个星期没有出门。她非常不愿意出现在任何社交场合。在她离婚后，一个朋友终于说服她去参加万圣节派对，为此她还买了一件新衣服，但这显然是一个错误的选择。她几乎不愿与任何人交流，更不要说去调情。所以她选择离开派对，来到一个好朋友的家。在朋友的建议下，她意识到是时候对生活做出真正的改变了，她终于回归到追求终身幸福婚姻和家庭的正轨上。

虽然做出改变并不容易，但是珍妮最终接受了朋友的建议，走出了当初的黑暗、抑郁和自我怀疑，直接拥抱了希望和未来。这一切都源于她选择了改变。这一决定最终帮助珍妮从自己的沙发上站了起来。最后，她买了一辆新车，染了头发，找到了一份新工作，回到了学校，开始跑半程马拉松。珍妮说："我意识到我是唯一能改善自己生活的人。" 今天，珍妮拥有了她一直想要的生活，她非常美丽、快乐，还嫁给了一位以她希望的方式对待她、爱她的优秀男人。

奥兹法则

每次变革都需要"突破"。

就像金·凯利、耶·萨马克和珍妮，你需要真实地说出你想如何去生活。你将学到的内容能帮助你将真实的自我和内心力量联系起来，并且它将帮助你发现：你拥有实现最真实自我的权利、能力和义务。

这里没有魔法师

在《绿野仙踪》中，我们认识了桃乐茜、稻草人、铁皮人和胆小的狮子，他们所处的情境超出了他们的控制，但这不是他们有意为之的。龙卷风把桃乐茜从她的堪萨斯农场卷出来，并把她投掷到奥兹王国。稻草人的生活停留在玉米和乌鸦之间，因为他的创造者没有给他大脑。铁皮人全身锈迹斑斑，因为缺少心脏而不能行动。胆小的狮子缺乏勇气和精神，生活品质远低于其潜力。

所有这些由短处和环境造成的不足，让人一开始就感到自己是受害者。他们不相信可以自我改变，所以他们从黄砖路出发去奥兹王国，希望找到一个全能的魔法师来帮助他们解决生活中的所有问题。

你应该还记得这段故事：在经过危险的长途旅程来到翡翠城之后，桃乐茜的宠物狗托托拉开窗帘，发现奥兹魔法师其实只是一个毫无力量、只会玩点儿小障眼法的魔术师，根本没有能力帮他们做任何事情。

关键要点：

1. 桃乐茜和她的朋友们都知道他们想要的是什么：回到堪萨斯农场、智慧、决心和勇气。
2. 他们都觉得自己是受害者，坚信自己控制不了超出他们控制的环境。
3. 他们每个人都需要一段自我发现之旅。
4. 他们最终都选择了勇担责任的道路，从而摆脱了困境，克服了困难，解决了问题。

1

我只要拥有……它就会带来……

通过上述内容，我们稍微重温了一遍奥兹的故事，但是我们希望你能记住他们超越困境、恐惧、错误信念和克服缺点，最终实现愿望的品质。他们之所以能实现愿望，与毫无能力的魔法师一丁点儿关系都没有，这一切都源自他们内心对实现目标的承诺。他们征服了挑战和恐惧，齐心协力得到了他们想要的最好结果，寻找到了内心的力量。

一旦意识到不存在可以帮助你实现想要的生活的魔法，你就找到了奥兹的智慧。

今天，我们生活在这样一个世界里：你每天都会听到其他人对你所处环境的抱怨。抱怨来自你的父母、老师、一个爱管闲事的邻居、有虐待行为的丈夫、前妻、社会偏见、社会经济差异、你的种族、总裁和偶像，甚至你的DNA等。面对失败或不作为，通过责怪别人或别的事物，很容易让自己摆脱困境。这也很容易让人产生幻想：别人会为你解决问题。这种想法是不正确的、没有用的，甚至是很危险的。

如果你需要在生命中获取更好的未来和更大的成功，你就必须阅读本书。我们将承诺帮助你实现你的梦想。在过去的 30 年里，我们已经看到，运用奥兹法则的人成为他们所从事的领域里世界上最卓越的成功者。正如我们前面所提到的，这些关于承担个人责任的原则，从大处说，足以解决世界上最严重的灾难；从小处说，也可以摆平发生在家庭里的琐事。应用这些《奥兹的智慧》教给我们的责任原则，我们能够保卫婚姻，获得职位的晋升，在医院里、在伊拉克和阿富汗战场上挽救生命，帮助运动员打破纪录，帮助学生金榜题名，帮助教师育人育心，帮助商业恢复生机和帮助社区提升服务水平。

真的非常令人兴奋，你的梦想即将成真。所以不要埋没它们，不要小看或忽视它们，更不要假装它们不存在，仅仅因为你觉得你无法实现它们。

做出你的选择

勇担责任是一种选择，是一种你可以做出的最有力量的选择。就像我们的朋友珍妮，她选择承担责任，获取力量去克服困难、战胜挑战，取得无往不胜的成功。永远不要忘记，这是一个你可以做出的选择。承担责任是一个明智的选择，是一个融合勇气和承诺的选择，这种选择无惧所有艰难困苦。

奥兹法则

勇担责任是一种你将做出的最有力量的选择。

本书的后面部分将指导你如何不断磨炼自己承担个人责任的技能，来帮助你获得想要的理想结果。为了促成结果，我们将会向你介绍责任阶梯——四个常识性的步骤，旨在推动你朝着勇担责任和实现目标前行。

现在，你可能会说：“没错，关于勇担责任的想法是积极的，但是很多坏的事情同样会发生在很多好人身上。”确实，从某种意义上说，你是对的。一个醉酒的司机撞坏了你的车，飓风毁坏了你的家，经济不景气迫使你被裁员，显然这些确实都不是你的错。但是“如何去应对这些事情”，确实是你不可推卸的责任。你必须意识到，奥兹法则彰显的是这样一个道理：你不能改变昨天，但是你可以决定明天。

1981 年夏天，约翰与里维 · 沃尔什 6 岁的儿子亚当，在佛罗里达百货商店被人绑架。16 天后，警察发现了他的尸体。与任何充满爱的父母一样，约翰和里维哀恸于这样一个可怕和残忍的暴行，但他们并没有因此陷入“受害者循环”。

自从他们的儿子被谋杀后，约翰和里维开始不知疲倦地去打击犯罪行为。他们在美国的四个州创立了亚当 · 沃尔什儿童资源中心，以帮助失踪与受虐儿童。后来这些资源中心都并入了国家机构。他们组织策划了各类政治运动，来游说那些受害儿童的父母们行使宪法修正案赋予他们的权利。尽管遭遇官僚机构及立法机制的重重障碍，约翰和里维也从未放弃他们的立场。最终，他们的努力换来了于 1982 年获得通过的《美国失踪儿童法案》，1984 年又通过了《失踪儿童援助法案》。在 2006 年，美国国会通过了《亚当·沃尔什儿童保护和安全法案》。许多商店、购物中心和大型零售商（如沃尔玛），甚至做得更加到位：当一个孩子从父母或家人身边失踪，立即发出“亚当警报”。电视节目《全美通缉令》就由约翰创办，20 多年来已经协助政府逮捕了 1 200 多名危险的罪犯。

任何糟糕的事情，也会有积极的一面。用责任担当取代受害者心态，就会带来积极的结果。失败乃成功之母，这一切始于奥兹法则。

你想要什么

本书中的工具可以帮助你获得哪些你想要的结

果呢？是财富的获得和事业的成功，还是健康的身体、改善个人形象、提高在组织或群体中的地位，或者让朋友和家人更加快乐？深思熟虑后，请你明确一个你想要的首要目标，如解决一个阻碍你进步的核心问题或跨越某些障碍。写下来，把它放在你的钱包或皮夹里面，或者把它贴在浴室的镜子上。首要目标越聚焦、越简单越好！对耶·萨马克而言，首要目标是民主选举；对金·凯利而言，是 1 000 万美元的薪酬；对珍妮而言，就是幸福婚姻和美满家庭。不要妄想一下子改变一切，而是选择聚焦于一件事情，一个明确的目标，然后全力以赴、全身心投入确保成功。

当你一步一步踏上承担个人责任的阶梯，你将会很快看到这些原则是如何发挥作用的，以及它如何赋予你能力去改变，或者应对任何阻碍你前进、阻挠你取得成功的事物。一旦你承担起伟大的个人责任——充满奥兹的智慧的责任，你就会寻找到明确的方向，并获得你想要的结果。这个过程依靠的不是神奇的魔法师的力量，而是源自你自己内心的力量。

奥兹的智慧

幕后的魔法师可以表演一些漂亮的魔术，但是他真的不能为你做任何事情。获取成功的力量一直存在于你的内心。

The WISDOM of OZ

读后随笔

2

The WISDOM *of* OZ

你不能重走以前的老路

You Can't Go the Way You Came

桃乐茜：哦，我愿意付出一切代价离开奥兹回到堪萨斯农场，但是回去的路在哪里呢？显然我无法重走来时的路！

葛琳达：是的，确实无法走来时的路。唯一可能知道回去的路的人，是伟大的、奇妙的奥兹魔法师。

这里有一个令人振奋的好消息：努力实践我们在本书中提出的建议不会让你花费分毫。你不必出去学习“这个”或“那个”新概念。你不需要重新塑造性格，甚至被洗脑。为了承担伟大的个人责任及获得你想要的理想结果，你需要全力以赴去训练自己的变革思维和责任思维。爱因斯坦的一句名言曾被多次引用，“精神错乱就是一遍又一遍地做同样的事情，却期待不同的结果”。为了获得不一样的结果、更好的结果和实现更伟大的理想，你不能重走以前走过的老路。你需要走在一条全新的、通往伟大个人责任的康庄大道上。

2

你不能重走以前的老路

“困在自动扶梯上”是一个有趣的视频，演示了可怕的思维依赖性。视频中一个男人和一个女人站在一层自动扶梯上，似乎是在去上班的路上。突然，自动扶梯停了下来，把他们搁在扶梯的中间。这时，那个男人嚷道：“啊，这可不太妙！”而那个女人发怒地喊道：“我可不想遇到这种事！”可惜两个人谁也没有带手机，于是他们就陷入了困境，孤零零地困在停止的自动扶梯中。那个男人假装一切都很好，那个女人则用“会有人来的”的话进行自我安慰。但是没一会儿，那个女人就恐慌地大喊大叫：“有人在吗？”时间一点点流逝，那个女人终于失去了耐心，扯着嗓子喊道：“救命！”当时都快哭出来了。那个男人终于摊开双手恼怒地说：“好吧，反正也没其他方法了。”最后他们仅仅站在那里，等待自动扶梯自我修复。

他们真的需要别人出手相救吗？他们真的需要帮助吗？在这段视频中，他们的目标就是上到二楼，所以他们需要做的仅仅是睁开双眼，改变观念从扶梯走上去。不管怎么说，这就是个楼梯！你应该看明白了，他们两个人看问题的视角和观念存在问题。他们误认为所处的情境超出了自己的控制范围，因此裹足不前，急迫地寻求他人的帮助。

你是否曾经有过“困在自动扶梯”的经历呢？

不要害怕承担责任

生活中对问题和机会的解答和利用往往源自个人责任的坚定履行。然而，遗憾的是，人们通常认为责任发生在他们做错事的时候。我们意识到这是个非常严重的会导致你误解的问题。当它出现时，我们建议运用本书中担当伟大个人责任的原则来帮助你克服它。

一提起“责任”这个词，就会触发大多数人逃避或抵赖的本能，以躲避随之而来的负面影响。常用字典的定义强化了这种消极的、毫无新意的关于责任的观点。

2

你不能重走以前的老路

> **责任**（名词）
>
> 主体有义务进行汇报、解释或说明；承担后果。

有了这样的定义，人们不愿承担责任就不奇怪了。注意这条定义开头的用词，“主体有义务”，这表明你别无选择，意味着被强迫做事，就会不可避免地导致抵触情绪。基于我们的思维模式，这个关于责任的老派观点表明，当前世界上大部分关于责任的定义都是错误的。

在过去的几年，我们惊奇地发现，人们逃避责任的消极看法由来已久。思量一下这些来自真实交通事故报告的片段，你就会发现真相。这些片段由交通事故的幸存者，以正式、公开的方式解释事故发生的原因：

- “回家的路上，我把车开进了别人的家，并不小心撞上了一棵树。”
- “电线杆离我越来越近，当我试图转回到路上时，它挡在了我的车前面。”

- “我行驶在马路的中间，远离路的侧边，但我仅仅看了一眼我的婆婆，车就驶向了路堤。”
- “这次事故的间接原因，就是我的车里坐着一个话痨。”

推卸责任、躲避责难和逃避竞争——这是正常人对传统教科书中责任的直接反应。面对此类责任，人们会自然而然地采取回避策略来脱离困境，而根本问题却是我们是否真的处于困境中。

当你为了取得成功，从而心甘情愿去主动承担责任时，就会释放出个人责任的真实力量。这种担当并不是因为害怕失败而不得不去做。责任的第一步，就是意识到你需要为自己的行为结果负责。关键是，担当能使你获得实现成功的力量。它是帮助你实现成功的秘密武器，同时不必担心使用后会失去什么。

奥兹法则

责任是你的自我担当。

责任阶梯

主动承担责任的秘密武器就是责任阶梯。这是一种全新的思维模式，聚焦于个人责任担当的步骤。在图 2-1 中，你会看到成功线，根据成功线划分出线上和线下两种不同的思维方式。站在成功线之上，就是承担个人责任、克服困难、达成你的目标。线上思维通过责任阶梯来实现，它有着清晰的步骤：正视现实、承担责任、解决问题和采取行动。责任阶梯通过变革思维和行为来创造奇迹。

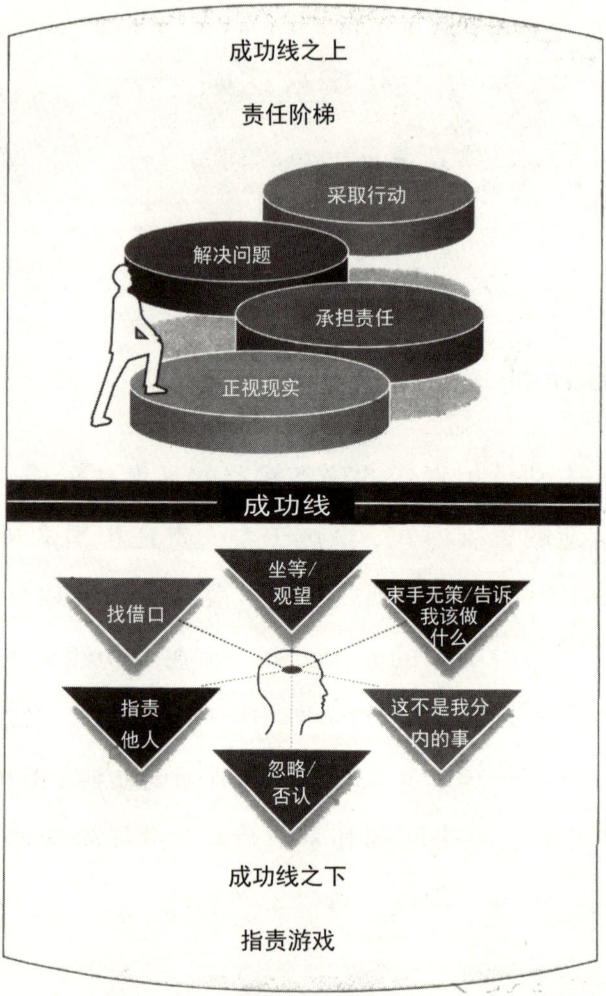
成功线之上
责任阶梯
采取行动
解决问题
承担责任
正视现实
成功线
坐等/
观望
找借口
束手无策/告诉
我该做
什么
指责
他人
这不是我分
内的事
忽略/
否认
成功线之下
指责游戏

图 2-1　成功线

2

你不能重走以前的老路

待在成功线之下会让我们困在推卸责任中，关注借口多于关注结果。那些障碍看上去似乎超出了控制，从而蒙蔽了我们的双眼。在成功线之上，我们关注的是我们能做什么。在成功线之下，我们则被“我们不能做的”所蒙蔽，因此感到沮丧，无法继续前行。在成功线之上，我们会积极寻找跨越障碍的方法。在成功线之下，我们努力寻找别人来帮助我们消除这些障碍。在成功线之上，我们很少会感觉到压力，更多是聚精会神专注于我们所能做的。在成功线之下，我们只会感到气馁和烦躁。滑到成功线之下并不是错误，只是落到了一个不值得投入时间和精力的无用之地。一旦你站到成功线之下，你就需要意识到这个事实，然后尽快回到成功线之上，重新聚焦于你能做些什么来获得你想要的结果。

随着责任阶梯深入人心，本书给出了责任的正确定义，它完全不同于你以往所理解的责任的定义。

责任（《奥兹的智慧》给出的定义）

主动、积极地改善不利环境，并表现出取得预期结果所必需的主人翁精神，做出正确的个人选择：正视现实、承担责任、解决问题和采取行动。

丹尼斯是一家医疗器械公司的销售副总裁，是成功线之上的责任担当者，事业有成。某天，他接到公司的一个电话，通知他公司将连续第三年不会有新产品投入市场。整整三年没有新产品可以销售，现在，在公司下一年研发出新产品之前，他可以选择偷懒，打一场高尔夫球，去海滩晒晒太阳也未尝不可。但是公司仍然希望丹尼斯和他的销售团队能够实现与上一年同样优异的销售业绩。

如果你是丹尼斯，你会怎么想？你会担心你的工作、妻子、孩子、房贷，你的理智、你的未来及你团队伙伴的工作状态吗？还是会担心上面所有的选项？

在丹尼斯还没有厘清思绪的时候，电话铃声再次响了，这次是来自负责东西海岸销售的经理们的电话：“丹尼斯，我们得见面谈一谈。”丹尼斯与其中三位经理在圣路易斯机场休息室召开了数小时的紧急会议。会议中，这些经理嘴里冒出来的第一句话是：“丹尼斯，我们可以先到成功线之下几分钟吗？”可以理解，任何人在这种情况下都会理直气壮地认为自己深受其害，并快速滑落到成功线之下。

丹尼斯用手表设定30分钟的闹钟，然后随他们去咆哮和宣泄，以缓解他们面对超出他们控制的事情的压力。他们不应该为新产品开发不出来而再次受害，这不是他们应得的。这种不幸的状况为什么屡次发生在他们身上呢？在他们还没弄明白之前，叮叮叮！闹钟就响了起来。30分钟过去了，悬念即将揭晓，经理们看着丹尼斯，想知道他是否能够真的改变之前的消极情绪，让每个人站到成功线之上。尽管他们短暂滑落到成功线之下，清除了一些想法，释放了一些被压抑的情绪，但是丹尼斯知道这样一直待下去将会一事无成。他深呼一口气，很快就笑着说道：“好吧，我们现在站到成功线之上去。”接下来，他们站到了成功线之上。在接下来的45分钟里，他们一步一步顺着责任阶梯向上，正视现实、承担责任、解决问题和立即行动。

最后结果如何呢？虽然没有明晰所有细节，但是他们不仅想出了创造性解决问题的方法，而且将结果绘制成了图表。尽管第三年没有新产品，但他们的销售业绩仍然创造了新的纪录。当丹尼斯被问到他们是如何做到的，他只是说：“我们虽然没有新产品，没有新的人员，但我们有一种看待问题的新方法，那就是站在成功线之上。”他们有理由扮演受害者的角色去责怪他人，但相反的是，他们改变了想法，选择专注于他们可以做什么，而不是不能做什么。站在成功线之上，可以产生创造性思维来跨越一些相对较大的障碍。

这个故事中成功的关键是，站到成功线之上是一种选择，是一种可以带来新的选项、新的机遇的强有力的选择。如果我们滑落到成功线之下，我们需要清晰地意识到这一点，并尽最大可能快速站到成功线之上。

奥兹法则

待在成功线之下不是个错误，但是一直待在那里是无效的。

本书的其余部分将帮助你了解如何应用成功线之上的思维，和丹尼斯一样自觉地、一步一步顺着责任阶梯向上，正视现实、承担责任、解决问题和采取行动。现在我们可以清楚地看到，成功线之下只有指责、借口，以及“是他们让我这样做的”思维。成功线之上的思维则是一种勇担责任的思维，它是一步一步易于执行的措施，可以帮助你从自动扶梯中拯救自己，而不是站着干等别人来拯救。顺便提醒一下，干等可能永远等不到别人来拯救你。

那到底成功线是什么呢？它其实是一种心理上的分界线，我们需要有意识地坚持长期站在成功线之上，来确保责任担当。这听起来似乎很容易做到，但是客观事实是，现实必将无情地将我们推倒在成功线之下。所以，那些能够有意识地坚持长期站在成功线之上的人，一定会取得最后的胜利。

站在成功线之上，这是一种选择，选择从另一个角度来思考你所处的环境，以及你不能控制的事情。这种新思维将给你带来创新性的解决方案和取得成功的新途径、新策略。

成功线之上的生活总是精彩绝伦的

要实现我们所做的所有真实的承诺，关键在于你需要意识到，只有你选择为个人的思考及行为方式承担起责任，责任阶梯才能发挥作用。这样做的目标就是保持一贯站在成功线之上的思考。

当你阅读到这里的时候，只有你一个人具备了成功线之上的思维方式。这就意味着，在你的生命中，你所信任的人可能会阻碍你去实现自己的理想。那些生活在成功线之下的人，会想着怎么把你拉到成功线之下。那些人甚至会成为你获得最想要结果的障碍。如果你提前考虑到这样的情境，我们不禁要问一下，谁会是你生命中最重要的需要站到成功线之上的人呢？答案是显而易见的：就是你本人！苏格拉底曾经说过："让他本人迈出其人生的第一步。"

奥兹法则

站在成功线之上思考。

为了说明这些原则，我们来看在一种最简单和最常见的情境下，它们是如何发挥作用的。我们将讲述一个 13 岁的女孩在西雅图地区足球队里的成长故事。对于一个 13 岁的女孩而言，球队从一个休闲娱乐导向的联盟转入一个竞争导向的联盟，一切事物都是新鲜的。在激烈的竞争环境中，教练为了生存，不可能像以前一样，让每个球员都有均等的机会上场踢球。每个球员现在都必须通过竞争来获取球场上的位置。

球队教练贾里德回忆说，在一个提前开战的赛季，初始的某一天，杰西，三个板凳球员中的一个，引起了他的关注。当时，杰西问他："赛季开始了这么久，凭什么我一直坐在候补席上？"他当时大吃一惊，然后直截了当地指着球场上的其他球员说："那是因为你的球技没有达到她们的水准。"杰西目瞪口呆："什么？！"他接着告诉她："你的球技水平还不够好。如果你想上场踢球，就必须变得比她们更强，把她们甩到背后。"

贾里德最后派杰西上场了，结果却出乎他的意料。他兴奋地说道："她一上场就点亮了全场，就像变了个人似的，满场奔跑，积极主动地去抢球、踢球，与以前的她一点都不像。"在一场比赛中有了非凡的表现后，杰西跑到场边对她的教练喊道："教练，你看我值得这个首发位置吗？"贾里德说："绝对值得！"

那么，这神奇的事迹是怎么发生的呢？杰西是如何从一个平凡的球员成为未来的超级巨星的呢？因为她改变了她的观念，然后她的观念改变了她的行为。

想象一下，一个坐在候补席上的年轻女球员，大部分潜能尚未开发出来，却指责她的教练和其他球员没有给她上场的机会，看上去这就是一个典型的成功线之下受害者的形象。但是现实是她大脑中的观念已经发生改变。自始至终，杰西被压抑的才干和潜能一直都在等待爆发的那一刻。她鼓起勇气向她的教练提出一个尖锐的问题："凭什么我一直坐在板凳席上？"教练给予她的回答让她痛苦不堪，彻底觉醒去改变观念。在她树立了正确的承担责任的观念后，她就彻底爆发出她的全部潜能。这个道理同样适用于你，而你创造的结果也将同样引人注目。

奥兹法则

你必须为你的思考和行为方式负责。

很多人在困难或逆境中彻底崩溃，“坐在板凳席上”等待其他人超越环境，成就自我。同样，杰西也可以什么都不做，直接滑落到成功线之下，坐在板凳席上独自难过。但是她希望得到更好的结果，希望教练派她上场踢球，这种观念彻底改变了结局，帮助她开启了一个优秀足球运动员的职业生涯和她最想要过的生活。

显而易见的是，杰西并没有读过本书。那么是什么因素促使她采取行动站到成功线之上呢？杰西选择的是大多数人取得成功的途径。她选择直接承担责任，不因为情境而陷入受害者循环。她控制了她所处的环境，而不是让环境控制她。杰西选择采取行动而不是被迫行动，其本质就是站到成功线之上。

我们必将看到的是，要想具备成功线之上的思维，就必须放弃“因为她们，所以我坐板凳席”的受害者心态。这就需要你承担起责任，并停止抱怨和责备。推诿扯皮止于智者，虽然不容易做到，但是功夫不负有心人，坚持就会胜利。

2

你不能重走以前的老路

现在，我们中的很多人意志脆弱，有感情包袱，就不可避免地导致时间浪费在“坐冷板凳”上。本书的一位作者10岁时进入小马棒球联盟，其中一段“坐冷板凳”的经历深深烙在他的记忆里。某天，教练用一个球员取代了他的二垒手位置，问题是那个球员手臂骨折，手臂上还戴着护具。后来明显可以看出，教练用人存在偏袒，但即使在此之前，很多知情人士都知道这个年轻人不是因为缺乏努力而坐在板凳席上。他不止一次想就此放弃，就像另一位板凳球员一样在赛季中期离开球场，再也不回来。但他不甘心就这样离去，所以没有屈服于无法控制的情境，选择继续“留在比赛中”，即使这意味着继续坐“冷板凳”。

事实上，你不可能想要什么就会得到什么。在这个案例中，尽管作者的球员生涯没有再向上提升一步，未能进入纽约洋基队打球，但是在他看来，无论如何，他也体验过了公马级的名利和收益（该赛事等级略高于小马级）。同时，他学到了一条真正的人生经验：做任何事情都不要轻言放弃。他学会了在面对不公平对待时，不再沉湎于自怜或选择退出。这些小小经验的累积不断表明，活在成功线之上，将会一直是最好的行为模式。不论遇到何种情境，都是如此。

选择站到成功线之上

在第 1 章，我们要求大家去思考你想要达到的结果是什么。如果你还没有做，那就现在马上去做。下面的例子供你参考：

- 成为更好的父母，并更加投入地去享受这个角色；
- 职位的快速晋升；
- 完成学业；
- 战胜健康、体重、工作或财务损失方面的重大挑战或挫折；
- 训练某些运动技能或完成一项体育壮举（如跑马拉松等）；
- 通过减少压力、沮丧及失望，以及提升应对逆境的能力来感受更多的快乐；

- 如果你处于失业状态，去找一份工作或一个你爱的人；
- 更好地融入社会；
- 更多地参与你所在社区组织的活动；
- 去享受更为丰富的生活方式；
- 去体验更大的成功和更好生活品质的经历；
- 通过更加充实的婚姻生活，获得人生的滋养。

你也许会嘲笑这样的列表，但是我们坚信，责任意识可以神奇地解决这些事情。一点正常的怀疑精神是可以接受的，不过我们非常清楚地看到，在过去的20年间，这些原则数百万次发挥作用。

桃乐茜可以选择留在令人向往的梦幻仙境里，她也有望成为一个被人崇拜和歌颂的名人。但是成为梦幻仙境的女王，却不是她想要的。她唯一想做的就是回到堪萨斯农场，她也非常清楚不可能沿着来时的路回去，所以她必须找到另一条路——一条新的道路。稻草人也可以选择一直待在田地里被乌鸦啄食，但他想要的不止于此。铁皮人、胆小的狮子同样如此，想要一个更好的、值得追求的自我。

奥兹的智慧

重要的不是你怎么做，而是你怎么想。要想改变现状，首先必须改变思维，必须站到成功线之上思考。

The WISDOM of OZ

3

The WISDOM *of* OZ

狮子、老虎和熊：天啊！

Lions and Tigers and Bears, Oh My!

稻草人：哦，太可怕了！我怎么做都不能动她分毫！这肯定是一道咒语！

铁皮人：这是一个非常邪恶的巫婆！我们无能为力！救命！救命！

稻草人：这么大声也没有用，没有人能听见！救命、救命、救命！

所有人都知道墨菲定律："可能出错的事总会出错。"换句话说，当大的障碍会造成差错时，人们经常真的就会出错。

当这种情况发生时，人们如果仅仅顺从人性，就会很快滑落到成功线之下，从而陷入受害者循环，陷入推卸责任的陷阱。待在成功线之下并不意味着是一个错误，而是不会产生效果，因为那里不会有好事情发生！问题不会自动解决，目标也不会自动实现，而梦想则会慢慢湮灭。当人们没有取得成功时，待在成功线之下，推卸责任、指责他人和抱怨社会是很容易的。诚然，你可以得到一些同情，你甚至会因此脱离困境，至少是暂时脱离。但这是你真正想要的结果吗？恐怕不一定吧。

针对逃避责任的解决之道，有人创造了一个有趣的段子，通过互联网从澳大利亚流行到北美洲。据说，加利福尼亚高中的一名员工根据这个段子编撰了一段自动语音回复，期望用于学校的自动电话答录机。自动语音的内容如下。

> 你好！你已进入学校的自动语音服务。为了帮助你找到合适的服务人员，请在做出选择之前听完所有选项。
>
> - 为你的小孩逃学说谎，请按 1。
> - 为你的孩子不做作业找借口，请按 2。
> - 想抱怨学校，请按 3。
> - 想骂教职员工，请按 4。
> - 想了解为什么没有收到学校本应该通过邮件传达给你的信，请按 5。
> - 如果期望我们提高你孩子的成绩，请按 6。

- 如果你想打人或扇他一耳光，请按7。
- 今年第三次要求更换老师，请按8。
- 抱怨校车，请按9。
- 抱怨学校的午餐，请按0。
- 如果你意识到在一个真实的世界，你的孩子必须承担起责任，为他自己的行为、学业和作业负责，孩子缺乏努力不是老师的错，请挂断电话。祝你有美好的一天！

显而易见，这是一个公立学校行政部门希望推行的政策，这个政策期望学生和家长能为学生的缺勤和不完成作业承担责任。但是事实上，父母期待学校和老师能够帮助学生改善成绩，从不及格提高到及格，而并不在乎孩子旷课的时间是否超过考勤政策允许的范围。在我们的记忆中，现实中应该不存在这样的语音回复，但我们敢打赌，老师都希望它存在。

“我是一个受害者，这不是我做的，这不是我的责任，是他们让我做的，就因为他们的不配合导致我的任务未能完成”。越来越多的人选择逃避责任，是当前的社会环境滋生、滋长了这种不良风气吗？我们似乎生活在一个人人逃避责任，认为自己是受害者并只会指责他人的世界中！

奥兹法则

成功线之下不会发生任何有意义的事情。

当圣地亚哥前市长鲍勃·费尔纳被指控性骚扰时，他的第一反应是否认他做错了。他责怪那个指控他的女性过于紧张，声称她属于反应过度，“曲解”了他所说的“一起玩玩”的性质，都是她的错。然而最后，随着公众舆论对市长的态度发生转变，证据开始堆积如山，以及越来越多的目击者挺身而出时，他就开始指责他人，称自己是“暴民的受害者”。当这一切都不起作用时，他试图做最后一搏来推卸责任，指出他的成长经历塑造了他对待女性的方式。用一位记者的话说，“他是 20 世纪 50 年代性别歧视文化的俘虏”，他一直暗示这不是他的错，只是他过时了。

随着指控继续增加及 20 多个女性站出来指证他，一直站在成功线之下的费尔纳发现，他已经被逼到了角落里，不得不面对现实。他公开承认自己的过错，说：“我这么多年的行径是错误的。我不尊重妇女，我恐吓她们，这是不可原谅的。”具有讽刺意味的是，这个人仍然从头到尾用尽所有可能的借口。然后，在几乎就要承认错误时，他的表态又一次表明，他未曾改变，从未离开成功线之下：他和他的法律团队指责圣地亚哥市没有提供性骚扰培训，因此该城市应该支付诉讼费用。什么也没有变！

最终耻辱地被迫辞职后，费尔纳收到了许多“礼物”，其中有著名律师艾尔瑞德送来的一面镜子，建议费尔纳“看着它问一下谁是他辞职的罪魁祸首”。尽管费尔纳做出了非常卑鄙和丑陋的事情，但是他还是获得了真正有价值的东西：一段足够长、可以认真照照镜子的时间。

“指责游戏”的规则

指责别人，每个人在日常工作和生活中都这么做过。有时候，它甚至会自动运行。如果你非要指责别人，那你应该正确地去做。这里有六个幽默讽刺的“指责游戏”的规则。它们总结出了人类几千年历史中相互指责和找借口的经验。

- **规则 1：不要责怪能比你找到更好的借口的人。**这是个常识性问题，一次责怪只能通过一个声音发出。“指责游戏”的音乐响着，所有人都围着空椅子在走动，当音乐停止时，你肯定不想成为最后一个站着的人。
- **规则 2：随时准备好推卸责任、逃避责备或指责他人，尤其当你真的犯了错时。**
- **规则 3：记住，一个好的借口同样可以带来一个好的结果。**我们都有过这样的经历：由于有一个超乎寻常的伟大故事，我们脱离了困境。即使我们不能带来结果，至少可以提供一个令人信服的理由。当这些理由足够引人注目时，同样可以带来一个好的结果。

- **规则4:借口的质量与其超出你控制的程度成正比。**这条规则告诉我们，讲故事也要讲得有质量。当然，最好的故事应该在任何情况下都适用，如天气、经济、政府和前妻、前夫之类的借口……这样的例子不胜枚举。有如此多的借口可以用，所以几乎不用承担责任。
- **规则5:当一般的转移战术不奏效时，启动标准的"替罪羊"借口。**这些借口应用于合适的时刻，像变魔术一样从帽子里变出来，以致每个人都会点头同意。比如我们上班迟到时，可能会用到的借口有闹钟没有响、交通拥堵、汽车忘了加满汽油、汽车钥匙没找到。
- **规则6:当上述一切都不奏效时，承认你的错误，同时指出你童年的不幸。**

我们都应该学习的经验是，世界上所有的"指责游戏"永远不会让你离你想要的成功更近。尽管当今

3

狮子、老虎和熊：天啊！

主张“快乐官司”的社会试图告诉我们挑剔和指责他人是有价值的，但实际上这种观念将会付出沉重的代价，因为它剥夺了我们唯一可以做的事情：承担责任。

解决之道就是，孩子们停止指责父母，学生和家长停止指责学校和老师，醉汉停止指责酒瓶，烟鬼停止指责香烟，超重的快餐成瘾者停止指责汉堡制造商，坏人们停止指责魔鬼。找到一个轻松的理由来推卸责任或抱怨世界，都是不健康的，而且永远不会给你带来更好的结果。

当然，这并不意味着没有真正合理的受害者。事实上是有的。每天都会有坏人在做坏事，好人在受到伤害并忍受着巨大的悲痛。现在，一打开新闻频道，想不听到一些人为或自然的灾难及不幸，也已经很难发生了。在这种情况下，只要他们愿意，受害者有权保持受害者心态，没有人可以剥夺他们的这种权力。事实上，我们能够而且应该尽我们所能给予同情及援助之手。然而最终，所有受害者还是需要做出决定：他们将陷入受害状态多长时间。只有受害者自己有权选择跳出受害状态并达到一个更好的状态，他人无法左右。最终它仍然是一个选择，尽管是一个艰难的抉择。

奥兹法则

玩“指责游戏”从来没有带来过更好的结果，而且永远不会。

待在成功线之下意味着什么

待在成功线之下意味着什么？这意味着让你停留在受害者思维模式中不能自拔。如果你喜欢待在成功线之下，一旦你追求的目标缺乏进展或遇到不能解决的问题，你就会将这一切归因于外部。待在成功线之下，意味着你已经停止尝试去克服困难，认为解决之道已经超越你的能力，超出你的控制，希望别人来为你解决问题。还记得本书第 2 章中讲述的自动扶梯的故事吗？

成功线之下的引力异常强大，因为获得我们想要的结果所面临的困难和挑战通常都非常真实，而且常常难以解决。正是这些问题的现实困难使得待在成功线之下如此轻松和有吸引力。这些真实的问题让我们待在成功线之下具有合理性：显然，每个人都可以理解自己保持这种感觉的理由。

六大类受害者循环

为了帮助进一步定义成功线之下的受害者，我们通过多年的经验，归纳总结出六大类受害者循环和“指责游戏”的借口。重要的是，当你熟悉每一类之后，一旦接近或陷入这类受害者状态时，你能立即意识到。

忽略/否认

如果你忽视牙痛，期待漏水的管道自动修复，或者否认你的院子里有杂草，那么一段时间后会发生什么呢？毫无疑问，将会是你不得不去做根管治疗，你家会被水给淹没，还有你家院子里杂草丛生。同样，如果你面对困境就把头埋在沙子里，长期待在成功线之下，生活状态只会越来越糟。这样的你就像一只低着头的鸵鸟。据圣地亚哥动物园专家的描述，“当鸵鸟感觉危险，无法逃走时，它会趴到地上一动不动，头部和颈部平铺在身前。因为鸵鸟的头部和颈部颜色淡，与土壤的颜色相近，所以从远处看，就像鸵鸟把头埋在沙子里”。无论是把头埋在沙子里还是趴倒在地上装死，都不是一种合适的选择。所以牙疼就应该赶紧看牙医，漏水就应该立即修补漏洞，院子有杂草应该立即拾起锄头去除草。

这不是我分内的事

在本地一家餐厅用餐时，我们看到许多员工聚在一起享受清闲。做好的汉堡和薯条都已经堆积如山了，而他们却还在互相开玩笑、嬉戏打闹，直至其中一人的托盘掉在地上，食物和酱料撒得满地都是。所有人一阵大笑之后，毫不理睬地扭头就离去了，留下托盘被打翻的员工独自处理混乱场面。然后，我们听见他自言自语道："这不是我分内的事。"他笑了笑，和其他人一样走开了，把麻烦留给了其他人。虽然这并不是一件大事，但是以小见大，无论是对这家餐厅，还是对社会大众都是如此。这些员工普遍缺乏主人翁意识和个人诚信，如果听之任之就会从一个人传染到另一个人，从一个地方传染到另一个地方。尽管你可能认为你与此事无关，逃避责任，但是这样只会麻痹你自己的生活，从而无法获得任何理想的结果。从现在起，当你面对一片脏乱差时，尤其当时只有你一个人在现场，请在第一时间将其清理干净。

指责他人

布拉德利最近告诉他的妻子，经过多年的奋斗，他感悟到，他"注定痛苦一生，奋斗是没有任何意义的"。多年以来，他不断经历抑郁发作、不愉快的婚姻、低迷暗淡的事业、财务危机、不听话的孩子和一个毫无成就感的人生。在这些经历中，他尝试求助于心理学、精神病学、药物、宗教信仰、无神论，以及任何他和他的朋友认为会有帮助的事物。在一次次失败之后，他得出的结论是："这是遗传。"现在，根据所谓可靠的诊断，他把矛头指向了他的父母。为了妥协，曾经非常有才华的妻子也只能满足他疯狂的受害者心态，指责起他的父母。你会怎么安慰布拉德利呢？你会告诉他什么？布拉德利或许可以借用一下鲍勃·费尔纳的镜子。

束手无策/告诉我该做什么

很多人总是把束手无策作为摆脱困境的一种理由。当汤汁洒到地板上时，孩子们会说："我不知道妈妈把拖把放在哪里。"当需要收拾洗碗机时，孩子们会说："我够不着橱柜，所以我没法取出盘子。"当割草机一直开着直至耗尽天然气时，孩子们会说："我不知道爸爸放置煤气罐的地方。"回顾一下自动扶梯那段视频，一旦束手无策占据主导，责任感就会逐渐减弱。等着别人来“告诉你该做什么”，同样是一种陷入受害者循环的羞愧。束手无策是逃避现状最好的挡箭牌。当我们陷入束手无策和等待别人“告诉我该做什么”时，任何事物和任何人都不会发生改变。

找借口

我们该做的都做了。没有人希望坏事之所以发生是因为他们的过错，每个人都会准备好一个动听的故事作为理由来解释。这种讲故事的现象无处不在。查阅一下报纸的任何一个版面，或者打开电视看新闻频道，你很快就会找到这种案例。美国广播公司发布了一则新闻报道，题为“墨西哥教科书漏洞百出”。报道中透露，2.35 亿册教科书印有老师教育学生们写作应该避免的各类错误：拼写错误、语法和标点错误及地理错误等。该则新闻一经报道，找借口的事情就开始了。墨西哥教育部长称错误是“不可原谅的”，大力指责墨西哥“前任政府”。教育委员会的负责人为了保护自己，就指责该书的编辑没有认真审校。而编辑则把造成错误的原因归咎于他们的工资太低。就这样渐行渐远，却没有人关注事实，那就是他们印刷了2.35亿册教科学却仍然没有发现错误。这是个很多人连环找借口的把戏。

坐等/观望

想象一下卡特里娜飓风已经来到你所在的城镇，而且你也被告知必须立即疏散。你会怎么做？你会离开或搬到地势较高的地方吗？还是会选择坐在门廊上，等着飓风和水打在你身上呢？遗憾的是，在卡特里娜飓风来临时，救援人员需要主动去撤离成千上万的群众，因为他们在听到这个消息后选择了坐等观望。我们都知道卡特里娜飓风的故事，对应一个加入高难度疏散的人，就有另外十个人忽视警告，站在原地坐以待毙。我们的一个作家朋友经常说：“做点什么，即使它是错的。”只要行动起来，任何行动产生的结果都比一动不动要好。

困在成功线之下

许多人耗费大量时间困在成功线之下，陷入了受害者循环，并形成一种习惯。如果他们不去抱怨问题或坏消息，指责这个人或那个人，假装束手无策，或者玩“我有祸了”之类的自怜受害者游戏，他们就快乐不起来。潜藏在所有这些借口中的最重要的现实是，人们可以获得许许多多对哭泣受害者的安慰。但是他们没有意识到，他们正在放弃未来的成功以换来他人的同情。无论他们可以得到什么样的同情，这种同情都将成为他们唯一的回报。乍一看，扮演受害者角色似乎是可笑的，但事实是很多人就是这么做的。

奥兹法则

不要扮演受害者的角色。

前一阵子，我们与一个 18 岁的孩子凯文进行了深入交流。他的家人非常担心他，两位医学专家对凯文的病情做出了不同的诊断；一位诊断他患有自闭症，另一位则说他状态很好，不存在自闭症。这样一来，就没有人能搞明白，凯文是否真的患有自闭症。尽管如此，凯文却坚持告诉每个人他患有自闭症。在我们与其交谈的过程中，我们制止了他，直截了当地问他："你想患有自闭症吗？"他有些震惊地说："不想。"我们继续问道："如果你被告知你也许患有、也许没患有自闭症，同时你并不想患有它，那你为什么告诉别人你患有自闭症呢？"他脸上的表情表明这之前他没有想明白这个道理。于是，我们建议："考虑到专家不能确诊你是否患有自闭症，你可以在你的生活中做出选择，就像大多数人在这种情况下做出的选择一样。你没患自闭症。你拥有选择的权力。"

做出选择是凯文从未考虑过的一个选项。我们接着说："如果你选择不患有它，那么你也不得不放弃任何人对你患有自闭症的同情。你不必继续扮演受害者的角色。你准备好了吗？”他坚定地回答：“是的，这是我想要的！”我们再次敦促他不用声称自己患有自闭症，除非医生确诊他患有自闭症。

现在，我们不能说凯文的情况具有代表性，因为我们不是医生，也不是心理治疗师。但是对于凯文而言，他是否真正患有自闭症并不是问题的关键。问题的关键在于，他可以放弃扮演受害者，并拾起生活中前进的信心。虽然对很多人来说很难做到，但是我们真的可以在面对困境时，选择用或不用受害者心态去思考和行动。

站到成功线之上的时机

这就是本书的全部内容：指导你完成一个具体的、循序渐进的过程，从而脱离受害者循环，成为一个不达目的誓不罢休、勇于承担责任和充满活力的人。桃乐茜和她的三个朋友学会了这些，他们跳出受害者循环去思考，并采取强有力的措施打败了女巫，实现自己的梦想。他们梦想的实现不是来自魔法师、彩虹或宝石靴子的外力，而是来自他们自我的思考、选择和站到成功线之上的行动。这一切，你也可以做到。

那么，如何让自己跳出受害者循环呢？如何摆脱成功线之下的思维和行为？你要记住的是，你必须坚定自己的理想，通过坚持学习责任阶梯的四个步骤（正视现实、承担责任、解决问题和采取行动）来站到成功线之上。正如我们之前说的，这并不容易，但它是有可能实现的。只要通过运用成功线之上的四个步骤来武装自己，你就可以成功跳出受害者循环。你现在就可以开始准备学习如何运用这四个步骤。

奥兹的智慧

没有付出就没有回报

成功线之下：问题得不到解决，目标难以达成，梦想慢慢湮灭。

The WISDOM of OZ

读后随笔

4

The WISDOM of OZ

胆小的狮子：鼓起勇气，正视现实

The Cowardly Lion: Mustering the Courage to See It

桃乐茜：为什么会这样？你就是个懦夫。

胆小的狮子：你说得对，我就是一个懦夫。我一点勇气都没有，我甚至经常自己吓自己。你看到我眼睛周围的黑眼圈了吗？我都一周没有睡踏实了。

铁皮人：你为什么不试试数绵羊？

胆小的狮子：没有任何作用，我连它们都害怕。

正视这个世界最真实的一面需要巨大的勇气。大多数人会认为我们通常做的都是正确的事。我们通过“自己的眼睛”看待这个世界，所以我们认为我们看到的就是正确的。正如马克·吐温所说的：“给你带来麻烦的往往不是你不知道的事情，而是你认为真实的事情，而事实并非如此。”马克·吐温的洞察力在一部当代影片《黑衣人》中被充分展现。当特工 K 指出外星人就生活在我们中间时，他是这么说的：“1500 年前，大家都认为地球是宇宙的中心。500 年前，大家都认为地球是平的。15 分钟前，你认为人类是这个星球上唯一的智慧生物。”因为我们习惯于循规蹈矩和墨守成规，即使发现事实并非如此。你将会发现，正视现实是责任阶梯四个步骤中最困难的一个。

你如何看待事物的本质？你能鼓起勇气承认你所看到的现实可能不是事实吗？与所有与责任相关的事物一样，正视现实始于个人选择。伊雷娜·森德勒就做出了这样的选择。

1939 年 9 月 1 日，纳粹德国入侵波兰。3 年半后，华沙犹太人的数量已经下降了近 90%，从 45 万人减少到 5.5 万人，大多数波兰的犹太人不是被杀就是被送进了死亡集中营。如果你是一位 27 岁的波兰天主教社会工作者，生活在九尺高墙的安全区内，那么你会做什么？每天你从犹太人人群中走过，见证了发生在你邻居身上的不幸。你也知道，如果你进行干预，纳粹会对你做什么。既然你不是犹太人，那么最好低着头，谨慎行事，管好你自己的事。

伊雷娜·森德勒眼睁睁看着这一切，却只能当作什么也没有看到。她就和大多数人一样，眼睁睁看着我们周围那些无家可归或需要帮助的人们，却视而不见。某一天，在隔离区，伊雷娜被一个饥饿孩子绝望的眼神震撼了，一切都开始转变。那个眼神激发出她脑海中的记忆，已故的父亲曾经告诉她："当你看到一个人溺水时，你必须设法救他，即使你不会游泳。"就在那一刻，伊雷娜在自己生活的现实中看到了事实。

作为一名护士，伊雷娜开始尝试在德国人眼皮底下保护犹太人，尽管她母亲恳求她不要这样做。她穿过隔离区，踏进一户户犹太人的家门，努力说服犹太人母亲们放心把孩子交给她带到安全的地方。最终，她和她的朋友通过工具箱、手提箱、装土豆的麻袋和棺材，为 2 500 名犹太儿童带去自由。过程中，她们使用镇静剂和用贴纸封嘴的方式让婴儿保持安静，她们通过下水道和秘密隧道来转移儿童。当纳粹知道这一切后，他们逮捕了伊雷娜，他们折磨她、压碎了她的双腿，还准备枪毙她。奇迹出现了，一个受贿的警卫放走了伊雷娜。

数以千计的人活下来了，因为一个勇敢的女人选择了正视现实。这就是“正视现实”步骤及承认现状的力量。这是个人责任担当的力量、成就的力量、一种可以改变你和你周围人的生活的力量。

奥兹法则

看到事物的本质。

看到事实的全貌

几乎每个人都经历过惊喜，如当你得到一辆新车，然后你会开始注意之前没有注意到的东西：其他司机似乎都开着一辆与你一样的汽车！心理学家称之为选择性知觉，简而言之，就是我们只会看到我们熟悉的、感兴趣的东西。

为了展示这个效果，下面我们来做一个小实验。本书第 72 页有一幅图画（见图 4-1）。在接下来的 1 分钟里，你将观察这幅图画，然后测试一下，回想一下你最大可能记下的物体数目。不过，你只有 4 秒钟时间来观察。你准备好了吗？准备好了就请翻到第 72 页。记住，只有 4 秒钟。

你看到了什么？图片中的物体你还记得多少？一个婴儿？一只熊猫？一艘游艇？你将和大多数人一样，在有限的时间内只能记 4~5 个物体。为什么你只看到某些物体，却遗忘其他的物体呢？

这是人之常情，关注点会“锁定”在你熟悉的地方，其他一切就会被“屏蔽”掉，这种情形就出现在你刚刚完成的看图练习中。这种锁定/屏蔽会带来盲点，这将限制你解决问题、改善人际关系、克服困难和得到你想要的结果的能力。比如，当你在开车时，变换车道之前不去观察你视野中的盲点，这将是致命的。一辆汽车不会仅仅因为你没有看到它就不存在。为确保安全变换车道，你必须全神贯注地去检查你的后视镜，并环视汽车的四周。

当我们运用正视现实的能力时，我们每个人都存在一个扭曲现实的盲点，让我们只能看到画面的一部分，即画面中我们非常熟悉的部分。正如看图练习中，图中物体不会仅仅因为你没有看到它就不在那里。

如果你不能看到你所面对的真正现实的全貌，那么踏上正视现实这一台阶去承担责任并获取成功几乎是不可能的。因为你无法为你不知道的事情，或者类似于上述例子中你不能看到的事情承担责任。你必须变得更加聪明和付出更多的努力，才有可能看清它的全貌。你正视现实的能力越高，站到成功线之上的旅程就会越成功。

图 4-1　你能记住多少

奥兹法则

检查你的盲点。

4

胆小的狮子：鼓起勇气，正视现实

为什么人们不愿正视现实

不能正视现实的代价是巨大的。举个例子，路易斯·阿尔瓦雷茨是一位成功的商人、丈夫和父亲，他自己也是这么认为的。直到某一天，在结束漫长的工作之后回到家门口，他突然发现他的妻子和两个年幼的孩子站在门外面，正在穿外套和打包包裹。他一脸茫然地看着家人含泪开车离去，把他一个人晾在马路边上。路易斯至今依然能清楚回忆起当时那种遭受重大冲击、措手不及的苦痛。路易斯不是一个模范丈夫吗？原来他并没有看到问题的全貌。由于他长期缺席家庭活动，同时冷漠地对待婚姻、家庭和家人，他的妻子长期处于抱怨之中，终于在那一天爆发了。

在家人离开后，路易斯花了很长的时间去发怒、沮丧，为“不是他的错”找各种各样的借口：她不跟我说话；她没有来找我；我所做的一切都是为了她和孩子们；是她，是她们忘恩负义！如果我的老板不给我那么多工作的话……路易斯看不到，正是他的工作狂式的时间安排伤害到了他的家人，直到矛盾爆发，为时已晚。同样的原因，我们中的许多人在自己的生活中也很难看到这些问题：盲点妨碍了我们看到问题的全貌。

正视现实有时就如看不到问题的全貌一样，你也会听不到问题的全部。有时只需要去认真倾听周围人的观点，我们就能认识到现实的全貌。

回到路易斯的故事。经过数月的沮丧和痛苦，他慢慢意识到妻子和孩子们永远不会再回来。有一天，他突然注意到他的办公室墙上贴的打印贴纸，上面展示了本书中的责任阶梯。他想起了他曾经参加过我们的一个研习班，回忆起责任阶梯的相关内容。路易斯惊呆了，这种责任担当的提醒已经贴在他面前整整一年了！他说："这就像我的眼界被打开了。我回忆起图表以及学习过的步骤。我想到了我的前妻、孩子和我的痛苦生活。认为自己是受害者，这已经让我的生活变得更加糟糕，湮没在所有的借口中，湮没在所有我感觉针对我的事物中。”

经过一段时间消化吸收责任阶梯的知识之后，运用到他本人身上，路易斯意识到他离成功线非常遥远，而且待在成功线之下非常久。他问自己，我真的需要看到什么？那就是摘下有色眼镜，打开自己的视野。只有这样去做，他才能看到现实的全貌。“我已经把目前的糟糕现状归责于我妻子的离开，其实很多事情是我的错，起因于我的所作所为，”路易斯承认，“我已经走得太远。我真的没有做维系婚姻应该做的事情。我没有把精力放在家庭和孩子上。”尽管他拼搏的初心是正确的，但是路易斯事实上已经委屈了自己和他人。他渴望赢，但是他已经失去了对他来说真正重要的东西。

奥兹法则

正视现实需要多听少看。

请注意，除了路易斯没有人可以改变他。他的妻子并没有回到他身边，他的老板也没有减少他的工作量，他的孩子也没有偷偷回去见他并表示理解他总是缺席家庭活动。路易斯自己做出了改变。路易斯鼓起勇气选择正视现实，直面事情的真相。最终，他跳出了受害者循环，不再停留在成功线之下，承担起责任让大家的生活更美好。

“正视现实”的问题

认识到自己的需要和正视现实是一回事吗？实际上不是的，因为人们不仅想得到他们想要的东西，而且希望立刻就能拥有。这种迫切期望很容易带来盲点。

梅勒妮爱上了一个男人，想和他结婚。她的父母和她的大部分朋友警告她不要嫁给那个男人，因为他们认为他一无是处。但是爱情是盲目的，梅勒妮忽视了所有的建议。经历了 15 年的艰苦奋斗，他们养育了三个孩子，但经历两次破产倒闭、丈夫犯下一系列过错、两人之间大量的争执，伴随苦涩的离婚，这一切结束了。只有在这个时候，梅勒妮才看清楚其他人早就知道的事情。什么可以抚平她的痛楚呢？从成功线之下跨越到成功线之上的关键是什么？令人惊讶的是，仅仅需要询问并回答一个简单的问题：

什么是我最需要承认的现实？

多年来，我们已经帮助很多人掌握了正视现实这一步。总结之后，我们发现扫除现实的盲点、得到清楚的全貌最好的方式就是通过反馈——你擅长做什么，如何能做得更好，与能帮助你看到全貌的人进行关键对话。事实上，我们非常清楚，最负责任的人会主动寻求反馈。正视现实的能力与得到反馈的能力是直接相关的，两者齐头并进。

如果你是一个丈夫，想知道自己在婚姻中表现得怎么样，就去问你的妻子。然后问一下你的孩子，你会惊讶于他们急于告诉你的内容。如果你在工作中想知道自己干得怎么样，就去问你的上司和同事。想了解你在学校表现得怎么样，就去问你的老师和同学。在团队中，无论是竞技体育团队、慈善机构还是志愿团体，你想了解自己表现得怎么样，就去问你的队友。

获得反馈的最好方法就是询问，这并不复杂。简单的询问方式是“你有什么反馈吗？”你也可以根据情况定制你的问题，如“你有什么反馈可以帮助我成为一位更好的____________（丈夫、妻子、合作伙伴、朋友、团队成员、员工等）？”

奥兹法则

负责任的人寻求反馈。

为此你需要说服别人，你真的想知道他们的想法。几乎所有人都担心提供反馈，主要是怕反馈会适得其反。如果他们知道反馈后不会遭受任何反击，他们就会诚实地表达他们的真实看法。

在要求反馈后，你需要做的最困难的部分是，无论多么痛苦，你都必须把他们所说的内容听进去。你可能会听到积极的反馈（你做得好的地方）和建设性的反馈（你能如何改进）。在这两种情况下，不管他们讲了什么，你都得感谢他们。感恩会表明你的态度，你不会辩护（即使你有），你是乐于花时间与他们分享快乐的。

下面九个有用的指导原则，可以帮助你征求、回应并运用反馈来建立你的个人责任。

获取和使用反馈的九个指导原则

1. 反馈不会自动发生。你必须去征询他人的反馈。
2. 寻求建设性的反馈让人心惊胆战。所以提醒自己，无论你向谁寻求反馈，他对你的看法都出自自己的思考方式；你要听的是他们已经相信的东西。
3. 人们更容易提供积极而不是消极的观察。所以你必须寻求建设性的反馈。试试用“我该怎么做得更好”代替“我做错了什么”来征询反馈。

4. 大多数人认为别人想要积极而不是建设性的反馈，所以你可能需要说服他们你真的想知道他们是怎么想的，告诉他们你重视他们的诚实和意见——不管它是什么。
5. 无论话语多么令你不愉快，都不要使建设性的反馈导致你戴上有色眼镜看待那个想给你帮助的人。应该真诚感谢他们，因为他们愿意在第一时间提供反馈。
6. 让获取反馈成为一种习惯，而不是一次性行为。
7. 即使你相信事情的进展已经够好，也寻求反馈。这有助于你保持在成功线之上。
8. 得到反馈后，问信息提供者是否可以在一段时间之后继续跟进；甚至建议再次与他碰面交流，以检验自己是否保持在成功线之上。
9. 最后，善待自己。你不可能一夜之间做出任何重要的变化。

在得到反馈后，谦卑、感恩、开放、诚实、对自己耐心、渴望更好的结果是你最好的朋友。还记得杰西吗？我们在第 3 章讲到的 13 岁的足球运动员，她盲目地坐在板凳席上，直到她询问教练并得到教练的反馈。如果路易斯和梅勒妮更早地认识到这一点，他们就会在各自的婚姻结束之前寻求反馈。反馈是一个关键，用于扫除盲点及踏上正视现实的台阶，走向更大的责任和更好的结果。

奥兹法则

反馈塑造勇担责任的人。

当你不正视现实时会发生什么

你可能知道阿伦·罗尔斯顿这个人。他是一名户外探险家，但是最终，他在美国犹他州南部徒步旅行时在巨石狭缝中失去了右臂。阿伦提供了一个未能正视现实、扣人心弦的痛苦实例，但最后拯救他的力量就是睁开双眼，明确下一步需要做什么。

当阿伦停好车，徒步去犹他州的沙漠旅行时，他对危险视而不见。如果他可以通过高空中无人驾驶飞机的摄像头看看自己，他会改变主意。他会看到独自徒步旅行的潜在危险，也不会随意到没有告诉任何人他去哪里长途跋涉——同时没有带上足够的水或适当的生存装备。他是一个经验丰富的户外活动爱好者，所以他知道怎么做是安全的，那么，他为什么没有看到任何风险呢？回到选择性知觉上：他只看到他想看到的，为了证明他在做他想做的事情。这就是盲点！

最后阿伦发现，不管多聪明或训练有素，卡在“岩石之间进退两难的地方”不会遇到任何人。最初半天，他徒步进入美妙的犹他州红石土地，却瞬间转变成一段长达 5 天的恐怖噩梦。阿伦回忆道：“我不断移动。一块巨大的，足有 400 公斤重的岩石松散了，塌了下来，最后将我的右手卡在峡谷崖壁之中。”好几天他绝望的尖叫声在 20 米深的峡谷峭壁之间回荡——不断减弱，但没有人出现来救他。这里没有奥兹魔法师，也没有好女巫葛琳达。阿伦被困住了，他需要独自面对真正的危险。

承认现实，没有人在来帮助你的路上。阿伦决定做一件不可思议的事情：用随身带的小折刀切掉自己的右臂手肘以下部分。这种行为不仅救了他的命，而且还让他在其他领域走出了一条完全不同的人生道路。他出版了一本书，他的故事成为一部知名电影的内容，他和心爱的女人结了婚，并成为一个父亲，他现在作为一位著名励志演说家周游世界。

鼓起勇气正视现实、扫除盲点，不仅会帮助你避免人生决策的失误，也能帮你得心应手地处理日常事务。正视现实是踏到成功线之上的第一步台阶，你必须鼓足勇气、下定决心去控制你所面临的全部现实。

从这里能看到美好的风景

布莱恩·里根是一个受欢迎的单口喜剧演员，他的那段拜访眼科医生的悲哀故事为大家熟知。一段时间里，他忘记了去找医生，这直接导致他的隐形眼镜在使用了 6 年后才去更新度数。他这样看待新的眼镜度数对清晰度的影响："你花那么长的时间去等待，不过是获得一副你喜欢的新镜片而已。伙计，我要的只是能看清楚即可！"

既然你懂得如何以及为什么要正视现实，你可以看到，我们并不希望你等待 6 年之久。现在就能真的看到，才意味着明天会有更好的结果。

如果胆小的狮子都可以选择鼓起他的勇气、离开森林的阴影沿着黄砖路前行，那么你也可以。我们向你保证，上述观点已经可以帮助你站在成功线之上更高一点的位置，在那里，生活充满更多的乐趣。睁开你的双眼并擦亮它，你将获得高效回报。

智慧应用：正视现实！

现在我们想运用"正视现实"台阶上的问题，明确实现在第 1 章中你说出来的真正想要的事物。扪心自问：

4

胆小的狮子：鼓起勇气，正视现实

为了获得我想要的结果，什么是我最需要承认的现实？现在向你身边的人提出反馈请求。请求他们诚实地回答这个问题，说服他们你真的想听到他们的反馈。利用这些反馈信息，帮助你建立一个实现你目标或愿望的计划。

奥兹的智慧

只有鼓起勇气正视现实，你才能超越成功线之下的借口，获得你想要的成功线之上的结果。

The WISDOM of OZ

读后随笔

5

The WISDOM *of* OZ

铁皮人：下定决心，承担责任

The Tin Man: Finding the Heart to Own It

铁皮人：猛砸我的胸腔。继续，猛砸它。

桃乐茜轻快地敲打着他的胸膛。

稻草人：干得漂亮！怎么会有回声呢？

铁皮人：因为我的胸膛里面是空的。铁匠在创造我的时候，忘了给我一颗心。

桃乐茜和稻草人：你没有心吗？

铁皮人：是的，没有心。里面都是空的。

我们注意到铁皮人将其没有心的困境归咎于他的创造者，声称他之所以内部是空的，是因为铁匠“忘了”给他一颗心。真的是铁匠忘了吗？还是他认为，发现决心的过程必须由铁皮人独立完成？

与责任相关的一切事物皆如此，真正的主导权并非来自外部，而是发自内心。没有人能帮你拥有它，这里没有魔法杖。这就是为什么奥兹魔法师没有法力帮助桃乐茜和她的朋友。尽管他们可以在某种程度上彼此依赖，但他们最终都必须遵循自己的热情，找到自己的内心，发现自己的内在力量从而实现他们的梦想。我们每个人与他们没什么不同。

多伊娜·万斯 17 岁从罗马尼亚移民到加拿大。她终于遇到了一个了不起的家伙，并和他结婚了，生育了两个小孩，开启了自己的事业。事情一直朝着好的方向发展，直到她的丈夫开始酗酒。酗酒带来了家庭暴力、生意崩溃和婚姻破灭。作为一个身无分文的单身母亲，多伊娜眼看着生活失去控制，直到她意识到自己和孩子们生活在一个庇护所里。她和其他人一样滑落到成功线之下了。终于，在度过几个月的庇护所生活后，她的女儿说出了改变多伊娜生活的话："妈妈，等我长大了，我想成为一个像你一样的人。因为你是最好的妈妈！"

虽然她知道当时她并不是最好的妈妈，但女儿的话让她心头怦然一震，激励她下定决心去承担责任，找到一份工作和更好的住处。简而言之，她的女儿相信母亲一定会成为独立的、最好的妈妈。

多伊娜不仅找到了工作，创建了一个新家，而且还清了债务，开始教书育人和组织研讨会。在培训课程和研讨会上，她将过去努力获取的勇气和决心故事拿出来与学员分享，引来创业妈妈多伦多分会的领导人邦妮·陈的关注。

后来，多伊娜加入了该组织，她全身心投入“鼓励其他妈妈为自己的生活承担责任”的事业中。一个人成功了还不够，还需要带动更多人成功。我们都能从多伊娜的故事中学到重要一课：当你下定决心承担责任，你就能改变世界。

承担责任意味着什么

我们永远不会忘记那次夏威夷商务之旅。在培训休息期间，我们决定来一个快速游岛活动，路上我们看到许多人在粗糙的熔岩路上兴高采烈地开着小汽车。我们开玩笑地说，造就了这些破烂不堪的汽车的，就是它们的所有者——汽车租赁商。

我们想出了一个创意。回到培训课堂，我们用这些熔岩路司机作为案例来引入产权制度，这个案例说明了产权缺失带来的危害。课堂上，这个案例引来了许多尴尬的笑声，因为我们发现那些被滥用的汽车确实是租赁的，而那些司机就坐在我们的教室里！

为什么我们对自己拥有物品的关心多过租来的？也许是因为当我们只是租或借时，我们没有大量投入和付出，不存在利害关系。当你拥有一样东西——不管是一辆汽车、一份工作还是一个社会关系，你倾注了心血和投入，往往涉及某种程度的牺牲和付出。当你租赁时，你可以走开而不会担心失去任何东西。这个问题的核心是，所有者比租赁者投入得更多——"全心投入"。

当谈到获得你想要的结果——完成会让你的生活变得更美好的目标或任务时，你是租凭者还是所有者？为了获得想要的理想结果，你是否像所有者那样集中了最高水平的承诺、兴趣和投入？或者你只是走走过场罢了，对目标仅有有限的承诺，提前准备好退路以防事情进展不能如你所愿？

奥兹法则

问问自己，你是一个“租赁者”还是一个“所有者”？

海军陆战队的朋友分享了一个关于责任担当的趣味故事，故事发生在他参加海军新兵训练营的训练时期。那时候他们经常在营地里举行手榴弹投掷比赛。比赛方式是将假手榴弹扔出去，然后反方向跑开，训练教官负责测量两点之间的距离，距离最大者胜出。在训练营的最后一天，他们将再举行一次这样的比赛，但这一次使用的是真正的手榴弹！让人惊奇的是，在这最后的比赛中，手榴弹落地处与投弹手拉引绳时所处位置之间的距离比平时几乎翻了一番。一旦你全身心投入或承担全部责任时，无论你是否主导生活的运行，你都将被激发出潜能，完成超出你想象的事情。

这是成功线之上承担责任这一步骤的意义。这是一种不断深入、更加努力和坚持更久的能力——找到成功线之上的感觉和行为，一切都取决于你。这意味着对你所做的一切都持续保持“责任到我为止”的心态。这句名言来自美国前总统哈里·杜鲁门，据说起源于一个扑克游戏。追溯到美国开拓边疆的年代，“鹿角刀”会放在可能被处罚的人跟前。如果他不想被处罚，就会把“鹿角刀”传到下一个人手中，直到有人同意认罚。“传递鹿角刀”成为推卸责任的俚语。但是真正的所有者无法推卸责任，无论发生什么事情，他们的既得利益都会推动他们确保事情朝正确方向发展。

奥兹法则

承担责任意味着让它比当初变得更美好。

当你承担责任时，你所做的一切都是为了“让它比当初变得更美好”。处处都留下你的印迹。人们可以在你所做的事情中看到你参与的证据——独一无二的痕迹，所以你必须让事情变得更加美好。

在工作中承担责任

我们甚至会说，承担责任的能力是一个关键品质，常常用于描述非常成功的人士。一位畅销书作家杰夫·哈登描述了顶尖成功人士的共同信念，其中之一是愿意去多做一点点。但实际上很少人会那么做。事实上，哈登指出："'额外部分'是一片巨大的、无人涉足的荒野。"他解释说："每个人都说他们的工作艰辛，但实际上几乎没有人真的如此。大多数人都会这样想，'等等，这里没有别的人……为什么我要做这个工作？'然后离开，再也不回来了。这就是为什么'额外部分'是这样一个孤独的地方；这也是为什么'额外部分'是一个充满机会的地方。每次你完成某件事情时，想想你还能额外多做些什么事，尤其是其他人并不这样做时。当然，这是很困难的，但这会让你与众不同。随着时间的推移，你就会取得难以置信的成功。”所以一旦承担了责任，你就会从人群中脱颖而出。

调查机构盖洛普公司领导组织了一个关于工作场所中员工敬业度的持续性研究，调查人们充分参与和热衷于自己工作的程度——换句话说，调查员工是不是承担责任的人。盖洛普的“美国工作场所的状态报告”取样于美国不同领域的劳动力数据。在分析超过 2 500 万条回复后，研究人员发现，70%美国劳动者的工作状态属于“不投入”或“消极怠工”。这意味着每 10 个人中有 7 个在参加办公室圣诞庆祝派对时，“人在曹营心在汉”。10 个人中有 7 个在昨天的会议中，脑袋里仅想着“打保龄球”。这样看来，数以亿计的美国的全职工作人员，只有 30%（甚至还不到）的人清楚地知道他们在干什么。

几乎所有当前的研究都和盖洛普一致，都显示职场中责任感和参与感正在逐渐下降。甚至有些人将此形容为，大部分美国劳动者在工作中处于“梦游”状态，因为假装忙碌与梦游没有任何本质区别。

本书两位作者在早年生活中亲身经历了同样的事情。我们中的一位，16 岁时在一个小餐馆的厨房里工作。主管坦白地告诉他："弄出大量声音，这样老板会认为我们在努力工作。"刚开始他还以为这家伙是在开玩笑，直到几分钟后，他不得不开始不间断、毫无目的地敲打或拿放锅碗瓢盆等物品，确保听起来他在努力工作。

另一位则清楚地记得那份高级居住社区花园中心的暑期工作。他的任务是协助经理在花园和菜园里种植居民需要的品种。那是一个加利福尼亚州的夏天，持续高温以致天气异常炎热。他永远不会忘记那一天，他与经理坐在狭小的花棚里，他正准备询问经理当天的计划。经理直截了当地说："坐着。这一整天我们只要坐在这里就可以了。这就是大热天的工作方式。"坐着？一整天？大约 5 分钟后，他对经理说："你可以坐着，但是我来这里是工作的。"经理当即猛烈回击他："如果你出去工作，就会让我看上去很懒惰。”最后作者还是选择了出去工作。虽然天气很热，但他很高兴，因为他来这里就是为了工作。这个早年的经历告诉我们，不承担责任就不会真正敬业。这是一个有意义的例子，因为在那一刻，他告诉自己他永远不会在工作中走过场。

我们希望你在工作中能向前跨一步，无论你是一个音乐家、CEO、园林设计师、主管、服务生、运动员、音乐家、收银员、艺术家，还是叉车司机。多做一点点并承担责任，你将获得更多的工作乐趣及更多的工作热情。你也将更有可能得到晋升，并且赚更多的财富！

明天，你会去工作或上学，无论你将去做什么，问问你自己是否真正承担着你所做事情的全部责任，还是仅仅是个租赁者。你的状态是投入还是消极怠工？你是选择“关闭闹钟”，盲目地消耗时间，还是选择充满创造力、创意，关注当下和全身心投入？承担责任将立即帮你脱颖而出。

奥兹法则

多做一点点，它会让你脱颖而出。

“承担责任”的问题

你应该问自己下面这个问题，以确保你在承担责任。

> 我该如何解决这个问题或找到解决方案？

一个诚实的回答将会激发思考的灵感，帮助你找到前进的道路。如果你想解决问题，承担责任的能力将为站到成功线之上的下一步台阶铺平道路。如果它是你面临的一个挑战、目标或愿望、生命中你想要的重要结果，那么承担责任的心态会让你充满动力。

解决这个问题的真正力量来源于你本人。以“我”

作为主语很重要。我该如何解决这个问题或找到解决方案？

总会有一些超出你控制的因素，你什么都做不了，所以你必须关注你所能做的和你所能控制的。当你专注于此，你就能自己找到解决办法，就能释放出潜能，针对当前的情形进行创造性思考。

我们认识一个忙碌的父亲，几乎被他的工作、家庭的需要，以及他参与的志愿者工作所压倒。他经常感到焦虑、抑郁和精力透支。他所经受的压力已经超出了能够帮助人们取得最好成绩的积极压力的范围，开始走向反面。

一个不眠的夜晚，他躺在床上思考，突然想到写下所有他担心无法控制的事情。在一张纸上，他画出了两列表格。第一列里都是超出他控制的事情；第二列里是所有他能控制和直接影响的事情。这是一个成功的实践，他意识到对于不能控制的事情，他应该完全停止担心。他告诉自己去忘记它们，而不是关注或思考它们，让它们从他的大脑中消失。而那一列他可以控制的事情，则应该倾注全部注意力和精力去应对。多么伟大的改变！事情完全转了个方向。

通过这个承担责任的提问练习，他解除了烦恼和负担，看到了可前进的方向。最终他战胜了一切挑战，成为其所在领域的顶尖人物。

建立联系

踏出承担责任这一步，意味着能够将过去所做的一切与当前情境联系起来，将未来想实现的梦想与即将准备去做的事情联系起来。如果你不能建立这些联系，你就承担不了责任，事实上是你不具备能力去承担责任。要想实现梦想，你必须承认问题并找到解决方案。

你可能还记得一条古老的谚语："如果你不是解决方案的一部分，那你就是问题的一部分。"而真正的责任担当需要将这句谚语稍微改一下：如果你不是问题的一部分，那么你不可能是解决方案的一部分。

这不仅仅是承认你错了，还需要你看到自己在事情的前因后果中所扮演的角色。虽然似乎看上去不太可能，但是这是一种授权方式，因为承认问题和你在问题出现的过程中所起的作用，能让你找到力所能及的解决方案。它使问题的解决变得更容易。

也许存在一种罕见的情况，即你对现状一丁点责任都没有。当然，这种情况会碰巧发生。比如，在你开车去杂货店的路上，碰巧飞机从空中坠落砸在你的车上，显然你无法做什么来预防它发生。当然，有一种极端观点，暗示你可能以某种方式吸引它的发生，你应该为你在那个时刻出现在那个地方负责，但这只是一种疯狂的想法！

当你待在成功线之下陷入受害者循环时，通常会找到一个“受害者的故事”来解释为什么你在那里。这个故事你可能已经讲述过一百遍了，用来表达你的沮丧：为什么你没有做你想做的事情。这个故事总是包括所有那些“这不是我的错”和“为什么生活就是如此不公平”之类的原因。

奥兹法则

如果你不是问题的一部分，你也不可能是解决方案的一部分。

当我们讲述受害者的故事时，经常会有一些强烈同情我们的听众，因为他们身上发生了与我们同样的故事。花时间想一想自己的受害故事，它必定发生在一个你在某种程度上感觉受到伤害的时刻。它并不一定是一个重大的事件。事实上，大多数时候它都是简单的、与日常生活相关的琐事。

老话说“每个故事都有两面”，这通常是很有道理的。受害者单方面强调了故事的一部分，来说明自己在发生的事件中没有能力发挥作用。“老师都不喜欢我，为什么我要去努力？”人们通常害怕去承认自己的现状，因为他们无法让自己接受故事的另一面，也就是我们认为的责任面。当你只关注自己身上发生了什么，而不是自己做了什么或没做什么时，你就会阻挡这个故事的另一面，而另一面恰恰表明你对其是有一些责任的。

要承担责任，你必须下定决心看到故事的两个面，把你做了什么或没做什么和当前的现状联系起来。看到并承担故事的责任面，并不是要压制或忽视任何证明你已经受害的事实；它只是让你清晰地看到整个故事的两个面，甚至包括会挫伤你的自尊心的一面。

下面这些问题可以帮助你发现故事中更负责任的那一面：

- 你选择忽略了什么事实？
- 事件发生的过程中，出现的警告信号是什么？
- 你会给那些正面临着同样情况的人什么建议？
- 鉴于现在你所知道的情况，你会采取什么样的不同策略去获得一个更好的结果？

当你从承担责任的角度来复述整个故事时，就像戴上了一副高清晰度的眼镜，一切都变得如此清晰。其目的在于帮助你从经验中学习，以避免未来犯同样的错误。这还可以帮助你摆脱思想上的包袱，获得情绪控制的经验。通过承担责任的视角，你能激发出潜能并增加成功的概率。

奥兹法则

如果不能建立联系，你就不能承担责任。

赋能并承担责任

一篇题为“我们变得更快乐了吗？”的文章发表在《洛杉矶时报》上，作者莱斯利·德雷福斯指出：“尽管关于幸福这个话题的书籍数量近年来翻了两番，心理治疗行业的规模已增长了两倍多，但是‘婴儿潮一代’不满意他们的生活的人数，比其父母那一代可能高出四倍，抑郁症的发生率是第二次世界大战前的十倍。”

我们相信，今天之所以“缺乏幸福感”的比例急速上升，正是因为人们普遍缺乏责任担当意识。人们常常责备艰难的环境带给他们痛苦和不幸，认为这种环境超出了他们的控制。他们把艰难困苦的环境等同于事故、运气不好或某些针对他们的东西。然而，我们在生活中面对的许多问题实际并不是意外，大多数时候，我们的问题是我们自己带来的。这就是为什么学习承担责任如此重要！

现实是，一旦你不承担责任，你就会付出代价。如果你选择了担当，你就赋予了自己能量。承担责任的这一步骤是一种自我授权，不是超越别人，而是在能力上超越自己。

履行承担责任这一步骤时，你需要建立正确的联系，确保你正在坚定地沿着通往成功线之上的世界的道路前行。那就是一个将挫折转变为奋起，将混乱转变为清晰，将痛苦转变为进步的世界。

智慧应用：承担责任！

当你试图实现目标或解决你面对的问题时，请采取承担责任这一步骤。

反复不停地问自己：

我该如何解决这个问题或找到解决方案?

寻找方法成为所有者而不是租赁者。在生活中多做一点点，脱颖而出。全身心投入，认识到每个故事都有两面性。

奥兹的智慧

克服困难、获得你想要的结果的能力源自你的内心。承担起责任就能赋予自己力量。

The WISDOM of OZ

6

The WISDOM *of* OZ

稻草人：开动脑筋，解决问题

The Scarecrow: Obtaining the Wisdom to Solve It

稻草人：堪萨斯在哪儿？

桃乐茜：那是我的家，我居住的地方。我非常想回家，我要到翡翠城去找奥兹魔法师来帮我。

稻草人：你觉得如果我和你一起去，魔法师能给我脑子吗？

多萝西：我不能保证。但是即使他不能，你也不会比现在更糟糕。

我们都知道《绿野仙踪》的最终结果：桃乐茜的小狗托托拉起窗帘，揭示出奥兹魔法师仅仅是一个来自内布拉斯加州马戏团的普通魔术师。在和奥兹魔法师深入交谈后，桃乐茜和她的朋友们很快就意识到他没有能力帮助他们。他们开始学习你已经知道的道理：解决问题需要你去创建属于你自己的方式，并通过这种方式来克服所面对的困难，从而获得你想要的生活。

通常，人们走上解决问题的这一步，是因为他们

6

稻草人：开动脑筋，解决问题

真心诚意地想要实现一些具有挑战性的目标或解决一个棘手的问题。坚持“大部分问题可以解决”的信念对采取这一步骤站到成功线之上是至关重要的。这不仅需要信念，更需要毅力。它通常需要你坚定不移地朝着你想去的地方前行。令人振奋的消息是，按照我们的步骤来承担责任，你一定会到达那里。

信仰、毅力和坚忍不拔正是南非前总统纳尔逊·曼德拉所具备的人格特质。以平常的视角来看，一个入狱 27 年的人一定会认为他的人生已经被毁了，建立没有种族歧视的南非共和国基本无望。被不公平地关押这么多年后，他还能有什么念想呢？还会有什么激情、欲望和目标呢？还会有计划吗？你还能去想象，有一天你会成为囚禁你的国家的总统吗？纳尔逊·曼德拉可以想象到这些，所以最后他实现了这一切。

一从监狱获释，曼德拉多年的坚持瞬时带来了民主、平等声音的大爆发，进而推翻了南非的种族隔离制度。尽管他是一个有争议的人物，但其人道主义行为赢得了国际赞誉，获得250多个国际荣誉，其中包括诺贝尔和平奖。直到现在，许多南非人仍称他为“国父”。

今天，我们生活在一个快节奏的世界，当我们的问题不能在一夜之间就消失时，我们就会感到沮丧。解决问题的思维建议你一旦快速修复不成功，就要考虑到快速解决问题可能并不是最佳解决方案。

不久前，作者中的一位开始装修新房。他很快发现一个棘手的问题，车库门打开的速度没有他之前住的房子快。作者陷入保护自尊心的陷阱，没有去关注这个问题。故事就此发生：“有一天，我低着头思考一段文字，在走进车库时撞到了从底部上升的车库门。当初，我预期我到达那里的时候它正好完全打开。事实是，它却把我打翻在地。我摸了一下我的头，发现满手是血。

“在医院，医生问我是选择用胶带还是用线缝。我告诉他，选择疤痕最少的包扎方式。很明显，这个家伙想用胶带，因为对他而言这是最快和最不痛苦的方式。但是我显然要的不是快速和不疼，我想要的是长期最好效果，毕竟我们一直在讨论的是我的脸。经过一阵说服，医生终于承认，‘我们应该把它缝上’。于是他取出一根针，在我的脑袋上打上麻醉药并缝了六针。过程并不愉快，更多的是忍受痛苦和困难，但的确得到了最好的结果，现在几乎看不到任何疤痕。而其他方式，尤其是速战速决的方式，会留下一个真正的疤痕，在我妻子看来，一张英俊的脸就毁了！”

奥兹法则

超越“快速修复”。

当你踏上解决问题这一步骤，请准备好漫长的坚持。你追逐的这条路不会非常容易。有价值的追求通常都不轻松，问题似乎永远需要找到解决它的“决心”。当你追求的是人生的关键目标时，就必须下定决心，坚持不懈，全身心投入去寻找解决方案，来克服困难、实现理想！

问题是怎样被解决的

解决问题的思维是一种创意，一种“我的生命完全取决于它”的思想，一种能为超出我们控制的挑战和困难带来解决方案的思想。如果你的生命取决于它，你会想出一种新思想、新方法或新思维来取得进步和前进吗？如果答案是否定的，那么你已经尽了你最大的努力。

凌晨三点半，约翰·奥尔德里奇——纽约的一个渔夫——在距离海岸 60 公里处从移动捕虾船上掉进海里了。没有人可以长时间待在大西洋寒冷的海水中并幸存下来，所以在经历了最初徒劳的求助尖叫、恐慌性踩水之后，约翰面临一个选择：准备淹死或开始思考。

任何有经验的渔夫都知道，如果他从船上落水了，要做的第一件事是脱掉靴子，这时候靴子就是一个累赘。不过，在这种紧急状况下，约翰的解决问题思维激发了他的创造力，想出了甚至能挽救生命的解决方案。他脱下一只靴子，将它翻转过来，举起它越过下沉的头顶，再快速下拉到水中捕获空气，然后将靴子夹在胳膊下获取浮力，用另一只靴子重复上述动作。现在，取代致命的下沉之力的是用他的两只靴子搭成的救命的漂浮器。约翰真是个天才！

但是下一步呢？约翰知道他的靴子不可能让他一直保持漂浮。虽然付出了大量的努力，但他仍然在离海岸 60 公里处上下漂浮，孤单一人在黑暗中等了漫长的 3 个小时，直到天亮。3 个小时前，睡在甲板上同行的伙伴发现他失踪了，随后向海岸警卫队发送了求助信号。

大多数人把大西洋描绘成平静起伏的水面。但约翰从事捕捞行业 20 年，非常清楚他处在什么地方。他也从其他捕虾的渔民嘴里听说过，附近的海底存在陷阱。不过这些陷阱是很容易认出来的，因为捕虾渔民用色彩明亮的浮标标示出陷阱的两端。如果约翰可能到达其中一个浮标，他就能够坚持下去，并且更容易让人发现他。

日出 2 个小时后，约翰随着海浪发现几百米远的地方有一个浮标。当时他已经非常劳累、饥渴、浑身乏力，他不能确定自己能否游到那里，所以他脱下袜子缠在手上帮他游泳。这样，另一个解决问题的机灵点子诞生了。他游到了一个浮标旁，并松开了浮标绳子，后来又游到了第二个浮标，将两个浮标用几米长的浮标绳绑在一起做成一个船筏。

在他的伙伴意识到他失踪并求救后，21 条船和几架直升机，以及海岸警卫队队员开始在上千平方公里的开阔海域搜寻约翰。最后，一个兴奋的声音从寻呼机里传来："我们找到他了！他还活着。"约翰·奥尔德里奇在大西洋漂浮了 12 个小时。

奥兹法则

像"我的生命完全取决于它"一样思考。

约翰·奥尔德里奇的故事告诉我们，即便在最糟糕的情况下，解决问题的心态都可以创造出足以挽救生命的解决方案。现在你所处的情境、你想完成的目标或你需要解决的问题，可能不是生死攸关的，但是当你全身心投入，就能想出创造性的解决方案。所以，当你采取解决问题这一步骤时，必须像你的生命完全取决于它一样去思考。虽然你的生命可能不会面临风险，但是你的幸福会。

关于“解决问题”的问题

当采取解决问题步骤时，你应该问：

> **我还能做什么？**

问这个问题是取得进展的关键。反复问自己，我还能做什么？这迫使你深入研究障碍，找到解决方案。解决方案通常深埋在创新和创造力的肥沃土壤中，总是潜伏在表面平淡的、日常的，甚至例行的思维方式中。

寻找解决方案就像挖金子。下面以我们喜爱的探索频道电视真人秀“淘金热”为例，它是周五晚上定时节目中收视率最高的。该节目跟拍几组现代矿工与时间、其他团队、发横财的天性之间竞争的全过程。他们成功的底线秘诀是移走大量的泥土。

这是一个非常不寻常的过程。矿工们必须先移走一个顶层，被称为覆盖层。这意味着，在任何实际采矿开始之前，他们需要移走 2~4 米厚的岩石和泥土。在这个毫无价值、非常艰苦的 2~4 米顶层的挖掘后，他们才能触碰到有价值的石头。拥有越多的有价值的石头，从中有可能找到的黄金就越多。最后他们必须移走几吨的泥土，才能找到几十克黄金。虽然动作比较简单，但是难度和强度非常大。

采掘黄金需要努力工作，并准备移走大量的泥土，这就是解决问题的经验。解决方案往往很难立即找到，所以需要坚持不懈地去尝试。在试的过程中，务必不要放弃。持续不断地问自己，我还能做什么？

6
稻草人：开动脑筋，解决问题

奥兹法则

你必须移走大量泥土，才能得到黄金。

采用解决问题这一步骤，不是一日之功。它虽然是一项非常艰苦的工作，但是会带来丰厚的回报。如果你愿意坚持下去，你最终一定会找到苦苦寻觅的能带来解决方案的智慧金子。

明尼苏达大学举办了一场稀松平常的 600 米的田径竞赛。如果不是希瑟在比赛中不慎跌倒却“化腐朽为神奇”，我们现在不会热议这件事。这场比赛中希瑟之所以值得关注，是源于她在跌倒以及身体受到撞击后奇迹般的反应。（YouTube 上的这段视频真是太神奇了！）

如果希瑟选择滑落到成功线之下，她可能趴在地上一段时间，并感到非常委屈和不幸，指责鞋子、糟糕的跑道或旁边跑道的比赛对手，然后偷偷跑到看台去大哭一场。然而希瑟不是这样的人，很难想象她自己站起来的速度有多快。她飞奔而去，直到她赶上并超过了其他选手。那些看得目瞪口呆的观众对她肃然起敬，最终她赢得了比赛，欢欣鼓舞的观众们齐声喊道“赢了”。

为什么希瑟在跌倒后反应的本能那么快？参加比赛的时候，希瑟是一个学分绩点 3.9，拿过奖学金，参加过 NCAA 室内锦标赛 800 米比赛，修读运动机能学专业的大学生。她获得过八次全美及明尼苏达大学最辉煌的田径女明星。她突然跌倒后快速爬起身来并赢得了比赛，是因为很久以前她就学会了解决问题这一步骤。她有一个好习惯，那就是快速问自己，我还能做什么？

我们希望这也能成为你的一种习惯，因为人们做事情并不是每次都能成功的。跌倒很正常，生活中难免有些磕磕碰碰。成功的人并不总是赢，但他们跌倒了一定会爬起来。解决问题的思维并不意味着总是保持高效运转。解决问题的思维方式意味着不断尝试、不断前行，一遍又一遍去尝试。无论遇到何种情况，坚持不断尝试，并每次进步一点点。我们喜欢足球教练文斯·隆巴迪的一句名言："最伟大的成就不在于从不失败，而在于跌倒后再次站起来。"

如何解决问题

让我们来玩一个小游戏。你可能已经玩过，叫作"九个点难题"，它于 1914 年被开发出来，一直作为教授创造性思维的练习题。时间过去了这么久还在使用，所以它一定是有用的，对吗？

下面你将看到一个九个点的矩阵（见图 6-1）。你的挑战任务是尝试只用四条直线连接所有点，要求永远不会有一条直线通过任何点两次，同时你的笔不可以离开纸面。来吧，试一试。

图 6-1　九点矩阵

你能解决这个问题吗？在我们的经验中，90%的人第一次尝试都无法找到答案。有些人已经见过，但忘记了，只有约四分之一的人能记住并解决这个问题。换句话说，这看似简单的难题并非如此简单。你可以在本章的最后看到解决方案，但在你看答案之前，请记住练习的目的不是寻找正确的解决方案，而是以不同的视角考虑如何解决这个问题。

你是否在大脑中画了一个虚构的正方形外框连接所有的点，并认定线条不得不局限在框内？我们习惯于给我们的思维设立边界，所以我们经常这样做，即使没有人要求这样。大多数人都会用这个思想上的框把点框起来，而正是这种自我强迫使问题不可能被解决。解决这个问题的唯一途径是跳出思维的框架。

还有其他人们常犯的错误，如不画任何东西。他们只是盯着点，似乎只要愿意，他们就能看出一个答案来！当然，解决这个问题的最好方法是尝试一遍又一遍去画线条。行动往往产生结果，即使我们不知道我们在做什么。还记得我们的作家朋友在第 3 章引用的话，“做点什么，即使它是错的”。我们经常在追求完美，不希望看上去很笨，但是我们什么也不做就会真的变得很笨。

这里有一些关于如何跳出固有思维模式的建议，这些建议将帮助你在解决问题这一步骤中创造性地处理你遇到的任何困难。当阅读到这里时，请仔细思考你想要达到的目标或想解决的问题。

与正确的人进行头脑风暴

艰难的问题需要新的想法，与他人集思广益可以帮助你。尝试去寻找取得过类似目标或解决过类似问题的人。当进行头脑风暴时，不要给任何观念贴上“愚蠢”的标签，至少不要立刻贴上。放松你的思想，把所有想法写下来，表单越长越好，直到发现一个你真正感觉很好的想法。

坚持问“我还能做什么”

反复多天问自己这个问题。给自己的大脑充分的考虑时间，不要强迫自己接受某一个答案。这样的过程不断锻炼你运用新思维去研究问题，激发更好的选择。

从不同的视角思考（如我们在第2章强调的那样）

获取不同视角的一个方法是去采访别人，描述所面临的情况后问他：“你会怎么做？”不要告诉他们你想到什么答案，只是让他们从无偏见的视角回答他们会如何处理这个问题，并做好准确的笔记！

寻找信息

新方法需要新信息，图书馆、互联网都是好帮手。地球上有超过 70 亿人，同时互联网上充满了新奇的想法，你可能不是第一个试图克服这一困难或解决这个问题的人。去发现别人做了什么，以及是怎么做的。

测试你的假设

我们大多数人常常把自己限制在可能并不存在的想象框架之中，但是因为我们无法测试它们，它们才定义了我们想象中的现实。测试你的假设，以检验你想出的点子是否可以实施。问自己如何才能跳出思维的框架，努力培养新的思考方式。

解决问题的心态需要发展、锤炼创造性思维模式。它可以帮助你从不同的视角进行思考，尝试新的想法，并检验其是否可以推行。

奥兹法则

只有行动才会产生结果，即使你不知道你正在做什么。

解决问题非常了不起

我们一直在分享一些惊心动魄的、关于生与死的故事，这些故事能够成为新闻头条或拍成励志电影，但是我们大多数人从未面临这样的危险，如跌落在寒冷的大西洋里，或者在南非监狱服刑 27 年。那么如何在日常工作和生活中完成解决问题这一步骤呢？

拉里·辛普森的妻子吉米·苏·辛普森急需做肾移植手术。大多数人只是把他们的名字填入一个等待列表，然后坐下来祈祷一个新肾脏的出现。但与妻子结为夫妻 55 年，已经 78 岁的拉里·辛普森没有这么做。在得知妻子的名字排在等待列表中非常靠后的位置，同时看到她的健康状况正在迅速恶化后，拉里面临一个选择：看着她“淹没在大西洋中”或帮助她“游到安全的地方”。通过从根源上问自己正确的问题，“我还能做些什么来帮助我的妻子找到一个肾”，他站到了成功线之上，然后开始着手解决这个问题。

拉里做了一个能挂在身上的广告牌，“需要为妻子找一个肾”。他开始在家乡南卡罗来纳州的安德森市周边四处宣传：日复一日、周复一周、月复一月。据哥伦比亚广播公司的新闻报道，他一年里走了400公里，最终成千上万的人愿意为拉里的妻子捐献肾脏。超过一百位志愿者接受了必要的医学检验。最后，41岁的退休海军中尉凯利·韦弗岭，被发现有一颗合适拯救吉米·苏·辛普森生命的肾脏。

拉里妻子的手术非常成功，拉里·辛普森热情地拥抱了医生，并对韦弗岭的奉献表示感谢。吉米·苏说：“我知道一定会换肾成功的，因为拉里不会停下来。”

一个捐赠的肾脏、获救的妻子、英勇的捐献者和成千上万人的配合，这一切源自一个谦逊的人总是站在成功线之上面对一切。

智慧应用：解决问题！

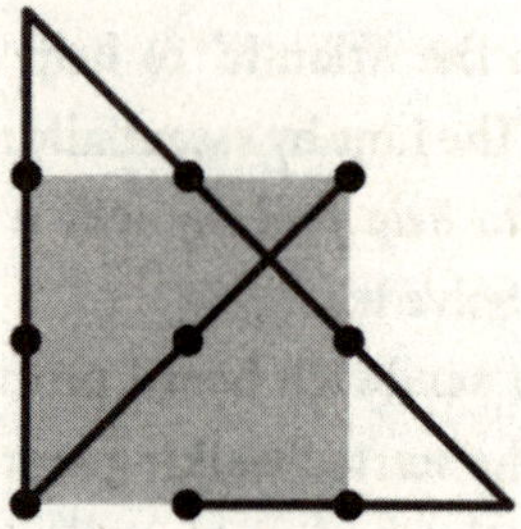

“9 个点”谜题的答案出色地说明了解决问题这一步骤如何运作。事实上，关键在于跳到思维的框架、线条、常识和惯性思维的外面。现在把“我还能做什么”运用到实现你的预期目标或解决顽固问题的过程中。一遍又一遍问自己这个问题，在纸上列出所有可能的解决方案。如果你还在努力奋斗，那就试试头脑风暴、从不同的视角思考、寻找信息、测试你的假设。

奥兹的智慧

每次成功线之上的成功之旅都始于问一个简单的问题：我还能做些什么来获得我想要的结果？

The WISDOM of OZ

读后随笔

7

The
WISDOM
of
OZ

桃乐茜：采取行动，实现目标

Dorothy: Exercising the Means to Do It

葛琳达：你准备好了吗？然后闭上你的眼睛，用脚后跟在地上连续敲三次，想想自己的家，没有什么地方比家好，没有什么地方比家好……

桃乐茜：没有什么地方比家好，没有什么地方比家好……

你可能还记得，《绿野仙踪》中桃乐茜最终发现，所有她要做的就是敲击三次脚后跟，专注于她想去的地方，说“没有什么地方比家好”。从她降落在奥兹王国的那一刻起，通过采取行动，她锻炼了自己的能力，获得了朋友们的帮助，听从了信任的朋友的建议，展示了解决问题的智谋，耐心地坚持到底，这样做之后她就能回家了。所有这一切帮助她战胜了愤怒的苹果树、有毒的罂粟花、会飞的猴子和邪恶的女巫。她领悟到自己想要达成目标，并加倍努力去追求。

采取行动这一步骤需要的不仅仅是试着更努力一些。当我们去做采取行动这一步骤时，我们要超越

“尝试去做”。我们一直喜欢引用电影《星球大战》第五集帝国反击战中，卢克和尤达的一段对话。尤达沮丧地对卢克说：“你总是认为做不到。我说的话你都没有听进去吗？你必须忘掉你以前学的。”卢克回答道：“好吧，我试试看。”哎呀！卢克，这是错误的回答！尤达恼怒地斥责他的新学生：“不！不要试试看。做或不做。没有试一试。”

关于用采取行动这一步骤去获得你想要的东西，尤达指出了正确的态度：尝试是无效的，所有的事情都必须立即行动。

你真的想要什么

本书的两位作者曾经利用志愿时间与成千上万的青少年一起工作。其中一位作者经常问这些年轻人一个简单的问题：“你想要什么？”他们大声说出了他们的愿望清单，作者也尽其所能快速在黑板的左边潦草地记下来：一辆新车、一个新手机和一个更好的男朋友。在写完后，他会停下来赞美他们；他们确切地知道他们想要的东西。

然后他会问第二个问题："你真的想要什么？""真的"一词改变了一切。这些年轻人一下子安静下来，沉思他们真正想要的。他们的思绪慢慢启动，愿望会转变为类似婚姻幸福的父母、没有疾病的兄弟姐妹或脱离毒品的朋友等。当这些愿望在黑板的右侧构建成又一个列表时，房间里的感觉立刻从圣诞节清晨的乐观转变为反思和决心。

接下来，作者看着黑板，会问他们左右两个列表之间的区别是什么。年轻人们的答案总是相同的。不同于左侧列表，右侧列表中的这些东西是值得他们为之奋斗的；他们愿意牺牲一切去追求这些东西。多年来，年轻人在不断更替，但是结果总是一样的：我们想要的和真正想要的是有区别的。为了得到我们真正想要的东西，我们的承诺必须包括"做或不做；没有试试看"的态度和方法。立即采取行动，这是我们唯一的方式。

7

桃乐茜：采取行动，实现目标

一个鼓舞人心的例子来自本·卡森，他是底特律人，母亲十几岁、父亲13岁就生下了他，后来父亲跑路了。曾经一段时间，本真实地相信他是“五年级最笨的孩子”。但他的母亲桑娅可不愿看到儿子陷入受害者思维，坚持鼓励他承担责任。她不让儿子在家里看电视，命令他去图书馆学习，并要求他一周读两本书、写一份报告。

在这点上，本面临一个选择：是遵从母亲的命令，利用放学后额外的时间改进和提升自我，还是违背命令，叛逆并拒绝成为一个好学生？最终，本选择了前者。他选择了学习、提升和付诸行动。阅读和写作练习帮助他提高了学习成绩，最终通过这种方式，本从五年级的差生成长为约翰·霍普金斯大学的神经外科、肿瘤科、整形外科及儿科教授，这是世界上最具挑战性的职业之一。他是世界上第一个成功分离头部连体双胞胎的外科医生。他被授予38个荣誉博士学位、几十个国家三等功、总统自由勋章和国家最高平民荣誉。即使取得了如此高的成就，卡森博士也从未忘记他从何而来，努力做好一名美国内陆城市的支持者以及对权利和依赖感直言不讳的评论家。听起来他已经承担起成功线之上的责任，不是吗？本·卡森通过一个接一个的“采取行动”步骤过上了他想要的生活，同时避免掉入成功线之下一直存在的陷阱。

奥兹法则

在你没有采取任何行动之前，什么也不会发生。

绕圆圈行走

你有没有觉得，开始实现你的目标或解决一个棘手问题的旅程后，你很可能在原地绕圈，无法做出任何实质性的进展？甚至当你准备采取行动，专注于你想要的方向时，一件小小的事情就足以让你快速而令人惊讶地偏离轨道。

7

桃乐茜：采取行动，实现目标

这种精神上的原地绕圈在科学上有着明确的解释。德国科学家简·索曼和马克·恩斯特发表在《当代生物学》杂志上的一项研究表明，通过观察人们在撒哈拉沙漠和宾瓦尔德森林步行几个小时的路径——故意屏蔽掉任何定位线索，如一座山或太阳的位置——研究人员发现，如果没有任何线索帮助他们继续前进或定位他们所在的方位，人们会自然而然地偏离直线，最终可以毫不夸张地说，是在原地绕圈。

当你出发去采取行动时，怎么才能不陷入原地绕圈呢？原地绕圈就是走走过场罢了，并不会带来真正的进步。首先，你必须有一个清晰的路径。它可能不像黄砖路一样清晰，但是你应该制订一个明确的计划，它需要包括为实现目标将采取的步骤。其次，你需要下定决心说到做到，即使面对困难、怀疑、恐惧或曾经的失败，也要严格执行你的计划。我们通常喜欢这样表述："制订你的计划，然后执行你的计划，然后控制计划不偏离！"

一个警告：当你进入采取行动这一步骤时，你必须准备接受对你决心的考验。每件你想实现的美好事物（解决问题或达成目标）都会有各种各样的挑战。在努力的过程中，你不可避免会遇到以下一些事：

- 在采取行动时，你对自己能力的信心将接受考验；
- 遇到挑战时，你的渴望会受挫，你的决心会受损；
- 始终站在成功线之上的能力将经受考验；
- 受到省事、避免麻烦的心态及退回舒适区的坏习惯的影响，你克服困难的意志会有所消退。

当上述这些精神压力来临时，我们必须学会，自己对成功的渴望必须超过对失败的恐惧。任何事情都需要付出代价，如精力、努力、耐心、勇气和质疑……这样的例子不胜枚举。这是自然规律，要过上良好品质的生活就要付出代价。你想减肥，但又不想牺牲你最喜欢的食物或通过各种运动付出汗水。你想成为一名班上最好的运动员，但不想忍受所需的训练。你想要升职，但不想付出额外的时间。成功只发生在当你面对临界点时，你对成功的渴望超过你对失败的恐惧。这时候真正的变化才会发生。

奥兹法则

你对成功的渴望要远远大于你对失败的恐惧。

关于“采取行动”的问题

有很多名言和警句激发你付出“达成目标”的代价，从新英格兰爱国者队的教练比尔·贝利奇克的“做好你的工作”，到耐克公司著名的口号“尽管去做”，再到赛车手马里奥·安德列蒂的“无论遇到什么，做下去”。上述所有观点都拥有同样的底线：在你没有采取任何行动之前，什么也不会发生。只有你去做了，才能体验到成功线之上带来的步步高升的结果。

以下关于“采取行动”的所有重要问题将帮助你明确追求目标应该专注于做什么。在责任阶梯的“采取行动”这一步骤中，问问你自己：

我负责做什么和什么时候做？

问这个问题有助于你去除任何潜在的混乱，以及创建一个具体的行动计划。计划包括所有你要做的事情及执行日期和时间。一定要把你的计划分解成若干小的、可实现的部分。你不可能一口吃掉一头大象。（事实上，大约需要 250 天的时间才能吃掉一头大象。那需要咬 31 930 口！）

需要注意：如果你想实现什么大的或困难的目标，请调整你的步伐。但是不要将步伐变得过慢以致浪费光阴。任何内容必须有时间限制，日期和时间必须明确含在计划中。你应该为你的“日期”负责，尽量在你设置的时间内完成。

最后，如果你想增加执行的可能性，那就告诉他人。让你的计划和期限可视化，公布于众。这是一种分享你的计划，使之公开透明的力量，将帮助你采取行动！

成功线之下的引力

当你正在努力采取行动时，有一种引力不断吸引着你，试图将你拖到成功线之下。就像巨大的行星产生引力，吸引着周围的一切一样，仿佛艰难的问题和具有挑战性的障碍也有足够的引力使你远离你想要的目标。你将面临的挑战越大、越困难，就意味着这个引力越大、越强。

这些成功线之下的引力拥有强大的力量，因为它们都是真实存在的问题，是阻碍你前进的真正原因。它们不是编撰出来的，它们是真实的存在，而且经常超出你的控制。人们很容易脱口说出这些障碍，以此作为他们没有取得进展或进步的原因。一旦这些原因成为借口，你很快就会以它们为挡箭牌停止解决问题的努力。

奥兹法则

不要让引力把你拉下马。

让我们谈论一下不断想把你拽到成功线之下的两股力量，这两种原因很容易成为借口。

第一：他人。有一个经常被讲述的故事，说的是一些行为科学家围绕猴子、梯子和香蕉进行的一项实验。科学家把五只猴子关在一个大得像房子的笼子里，把香蕉放在一部梯子的顶部。不久，一只猴子顺着梯子爬上去拿香蕉，这时候科学家就用冰冷的水浇湿其他四只无辜的旁观猴子。很快另一只猴子也尝试去拿香蕉，于是这个过程重复一遍，其他猴子继续被冰水浇透。没多久，每当某只猴子尝试去拿香蕉，在其爬上梯子之前其他四只猴子就会打它，因为它们再也不想被浇透了！科学家很快发现猴子们停止了去拿香蕉，因为它们害怕被集体攻击。

科学家随后决定引入一只未参加过实验的新猴子，来交换一只实验中的老猴子。新猴子做的第一件事就是去拿香蕉。你马上可以猜到会发生什么：其他四只老猴子像疯了一样去打新猴子。挨了一顿殴打之后，新猴子对自己说“忘记这一切”，放弃了去拿香蕉的念头，即使它对冰水一无所知。

然后研究人员用第二只新猴子代替原来的老猴子，同样的事情再次发生。其他四只猴子，包括第一只新猴子痛扁了一顿第二只新猴子，直到它听话为止。然后科学家交换进去第三只新猴子，然后是第四只。最后所有五只猴子都换过了，结果仍是一样的：任何新猴子想去拿香蕉都会被痛扁一顿，即使现在没有一只猴子曾经被冰水浇透过。没有猴子产生过“为什么要打拿香蕉的猴子”的任何想法，不知道“为什么到梯子上去拿香蕉是一个坏主意”。这就是在笼子里必须遵守的规矩！

这个故事的意义何在？当我们需要“去拿香蕉”

时，我们周围的人和他们已经习惯持有的观点要么帮助我们，要么伤害我们。有时我们不能采取行动，因为你被关在笼子里做事情！问问你自己：你周围的人对你有好处吗？你对他们有益吗？你们会彼此“殴打”却不知道为什么吗？你害怕反抗系统或问过为什么做事必须遵循某种规则吗？

第二：健康。这可能会影响你在某个具体时间采取行动的能力。一项研究数据表明，十分之七的人承认他们经常带病去上班。这是一个巨大的数字。所以如果你曾经带病去工作，但是心里认为你应该待在家里，那么你现在或许会得到一点安慰。事实上，在你的周围，有很多工作人员也感觉不舒服但依然在工作。

本书的一位作者经历过一些健康问题，称其为十分严重一点都不为过。他所经历的故事同样会让我们很轻易地滑到成功线之下。下面就来听听他的故事。

“在一场摔跤比赛中，我儿子不幸骨折。虽然如此，但是我比他更严重。在我因为背痛而去看医生的时候，医生发现了四个淋巴瘤。癌症已经贯穿我的身体，甚至在我的腹部有一个勒夫足球大小的肿瘤，而我从不知情。

“在接下来的几个月里，多位优秀医生的会诊、七次化疗治疗、四次脊髓穿刺、强大的家庭支持和天赐良机，终于带来了奇迹：我完全康复了。然后是长期持续的复建，因为治疗中使用的类固醇引发了我的股骨头缺血性坏死（AVN），也被称为‘骨死亡’。我在 5 年内做了 10 个手术来完成所需修补，其中包括臀部和肩膀骨骼的完全替换。

“这是我从这段经历中学到的。你必须决定你所处的状态要么生病，要么健康；你不能两者兼而有之。当你生病时，你只能坐在替补席上，出局了；当你健康的时候，你就在球场上；并不存在中间状态。我记得当时我有意识地问自己，你想要什么，健康还是疾病？你不能两者兼而有之。

“我选择了健康。这并不意味着我可以甚至应该忽略问题或假装它们不存在。这几乎是不可能的，因为这些都是非常迫切地等待解决的问题。那这究竟是什么意思呢？选择健康就是放弃人们通常对生病的同情。下面这些话都是你经常听到的：‘哦，那太令人沮丧了。’‘太可怕了！’‘你不得不一直忍受痛苦吧。’‘真的很佩服你的坚强。’‘我不敢想象如果我得了这样的病会怎样。’‘你的坚毅和顽强值得肯定和嘉奖。’

“你选择健康，它带来的消极面是你将得不到任何安慰。你必须假装你感觉很好，即使你实际上并没有感觉很好。或者至少把你的问题留给自己，这样你看上去仍然在很好地扮演自己的角色。我开始相信我的朋友、生意伙伴，也是本书另一位作者在许多年前当我们第一次写《奥兹法则》时与我分享的内容。那是他从他的导师那里学来的：‘在这个世界上，大部分工作都是人们在感觉不太舒服的状态下完成的。’所以我保持对健康问题最大程度的重视，但仍然在自己的工作和家庭中扮演着一如既往的角色。

“回想起来，我很幸运，事情并没有更糟。世界上有那么多苦难之人，他们身上有着非常引人注目的、不可思议的故事。但故事本身不是重点，重点是要从故事中学习。在我知道的所有故事中，人们忍受着可怕的健康挑战，但他们坚持下来了。他们只是选择了去变好。”

请不要误会，我们并不是说每个人生病了都应该假装他们好了。严重的健康问题会打击人的意志，会让思想完全僵化。我们想说的是，面临日常健康困扰时，我们大多数人面临一个选择：让它拉你下去还是超越它。

奥兹法则

理由一旦成为借口，你很快就会以它们为挡箭牌停止解决问题的努力。

说到做到

人们非常乐于总结桃乐茜的旅程，很显然她有着非常充分的达成目标的愿望。尽管，毫无疑问，她真的想回到堪萨斯，但是回家之旅所需做的事情不是仅靠一个愿望。她需要探索和付出代价，全身心投入并运用自己所具备的全部技能。她制订了计划，明确她和她的新朋友需要做的内容及什么时候去做。这种有针对性的行动，源自不惜一切代价的自我承诺，发挥自己独一无二的长处来采取行动，坚持不懈直至达成目标。试想一下，万一桃乐茜在把女巫的扫帚带回给奥兹魔法师之前就停止了行动，半途而废，那她和她的朋友之前所有的努力都意味着白费。

采取行动不仅仅是更加努力地工作，不仅仅是救火式的解决问题，而是弄明白组织需要你做什么。这才是聪明的工作方式。制订一个计划，寻找一条通往目标的路径，让你的行动充满逻辑。

桃乐茜在整个发现之旅的过程中都穿着红宝石靴子，她没有运用靴子的力量，直到她经历了一段艰难的探索之路。只有在那时，她所有的成就和历练才能带来质变，让她领悟到敲击脚后跟真的有效。只有这样，她才能回到堪萨斯。

7

桃乐茜：采取行动，实现目标

智慧应用：采取行动

无论是风险、恐惧、懒惰、健康问题、与毒品有关或任何其他抑制因素，都在告诉你是时候采取行动了。为了保持自己在成功线之上并不断前进，你必须确保反复询问：我负责做什么？什么时候做？然后制订一个计划明确你需要采取的步骤，确定哪些是你能控制的、能做的事情，然后说到做到。

奥兹的智慧

采取行动意味着当你需要做事情的时候，必须全身心投入，然后说到做到。

The WISDOM of OZ

读后随笔

8

The WISDOM *of* OZ

你已经拥有了力量……

You've Always Had the Power...

桃乐茜：你愿意帮助我吗？你能帮我回家吗？

葛琳达：你不再需要帮助了。其实你一直拥有回到堪萨斯的能力。

桃乐茜：我有吗？

稻草人：那你为什么不早点告诉她呢？

葛琳达：因为她不相信我。因为她必须通过自己来发现它、学会它。

在《绿野仙踪》中，我们看到了桃乐茜其实一直有能力回到堪萨斯，只是她不知道而已。甚至好女巫葛琳达的魔力都不能送桃乐茜回家；她终于发现这种力量源自她的内心，这是一种控制环境的能力，而不是让环境控制她。这个力量我们所有人都拥有。一旦我们内心的力量被发掘出来，我们就将突破瓶颈，超越自我。

无论你是否相信，沃尔特·迪士尼的自我发现之旅同样遵循了这样的赋能路径。沃尔特的第一份动画工作在堪萨斯城市之星报业公司，因为老板觉得他“缺乏想象力和没有好点子”，他被解雇了。然后迪士尼进入欢笑动画电影制片厂工作，不过很快公司就破产了。在这样的连环打击下，大多数人都会滑落到成功线之下，并对未来失去信心。但是沃尔特和他的兄弟罗伊搬到了好莱坞，再次成立了一个动画工作室，创造了米老鼠和迪士尼乐园，赢得了 22 座奥斯卡奖（超过历史上任何一个人）。后来，他组建成立了迪士尼公司，今天迪士尼全球业务每年创造约 450 亿美元的收入，给数百万人带去欢乐。这个“缺乏想象力和没有好点子”的家伙干得真漂亮。

离开好莱坞的璀璨世界，我们来看看一个年轻初中女生史黛西的故事。她严重超重，非常自卑，饱受别人的异样目光。她的父母想尽一切办法想让她更活跃，饮食更健康。他们开始全家步行，鼓励她主动积极地去运动，甚至为此建造了一个游泳池。但是毫无效果。为什么？因为没有人可以帮她减肥，没有人能给她修身塑形。除非史黛西自己选择超越她所处的环境，否则什么都不会改变。幸运的是，史黛西最终做出了正确的选择。她开始调整饮食，坚持锻炼，最后减掉了 60 斤体重！因此，史黛西的自信心暴涨，短短两年后，她成为高中班级的班长。今天，史黛西已成为一名每周工作 6 天的注册私人教练，有两个漂亮的孩子，以健康的烹饪和饮食为自豪，最近还和丈夫跑完了她的第一个马拉松。

奥兹法则

让它成真！

尽管他们有截然不同的背景和愿望，但迪士尼、史黛西甚至虚构的桃乐茜，都做了相同的事情：通过个人选择控制他们的生活，避开人人都会面临的陷阱、骗局和克服困难。这样做可以为你自己和无数你身边的人的生活创造奇迹。

释放力量

现在你已经阅读到本书最后一章，你应该学到了更多关于个人责任的力量的故事。我们希望你已经准备好在生活中释放这种非常真实的力量。

现在，你该如何去做？你该怎么让个人责任真的为你效劳？这会不会像按个开关一样容易？像一个你能推上去的把手吗？也许有一个应用程序可供使用？不错，按开关、推把手的魔法确实存在，我们称为做出选择和采取行动。

你的选择——从两个或两个以上的可能性中选择一个——既可能帮你站到成功线之上，在那里你必须自动自发，实现你的愿望和解决你面对的问题；也可能使你滑落到成功线之下，在那里你将沉浸于推卸责任的游戏中，长期困在受害者循环里。

你不可能同时两者兼备。这似乎是显而易见的，但观望、脚踏两只船和拭目以待是人类的天性。“我想要减肥，但是我还想吃美食。”“我喜欢婚姻生活的承诺和安全，但我同时又喜欢单身的自由。”不过最后，你必须选择其中一个。

我们可以从亚历山大大帝伟大的历史中抽出一段来看看。虽然我们不是他征服世界计划的忠实粉丝，但是值得称道的是他知道如何让他的军队在面临选择时快速做出正确抉择。面对数量远远超过己方的波斯军队，在波斯海滩上登陆时，亚历山大命令他的助手们把己方的船只都烧掉了。他的部队现在没有了退路：回家的唯一途径是获得他们敌人的船只。亚历山大控制了他们的焦点——只有唯一抉择。

对于任何给定的情况，你要么在成功线之上，要么在成功线之下。但是你不能选择在站在成功线之上承担责任的同时，还保留成功线之下对问题的畏惧、对人际关系的厌恶及对日常事务烦躁的埋怨。开发个人责任力量的唯一方法是采取成功线之上的态度和投入 100%的精力。

我们现在邀请你做出这种充满力量的选择——

生活在成功线之上，并享受负责任的生活所带来的所有益处。我们谈论的不是一个“可以做得更好”的被动决定。我们要求你深刻、永久地选择站在成功线之上。从今天就开始，就从现在的这一分钟开始。

这种承诺来之不易。你必须去挖掘它。一旦你感觉到它，你会发现无论做任何事情都会充满新的能量和注意力，因为你做出了永不回头、破釜沉舟的承担个人责任的决定。

奥兹法则

你不可能在同一时间出现在两个地方；请选择站在成功线之上。

成功线之上的世界更好

这是真的：成功线之上的世界更好。就像呼吸新鲜空气，责任可以让一个人更清晰地思考一切事物。

鉴于我们对个人责任在人们生活中的影响持续 30 年的研究经验，和基于数以百万计的研究对象的数据，我们逐渐意识到承担责任、站在成功线之上的人们享受着相当多的好处。他们

- 能够看到事物的本质；
- 能够找到大多数人想不到的解决方案；
- 当别人受骗时，从其教训中学习和成长；
- 从一开始就避免已知问题；
- 享受更好、更稳固和更令人愉快的关系；
- 更少因陷入受害者循环而面临压力和抑郁；
- 有更多发自内心可以解决问题的自信；
- 有更多欢笑；
- 获得更多的晋升；
- 赚更多的钱；
- 获得更多的尊重；
- 更多地微笑；
- 更幸福；
- 更健康；

- 显得更聪明；
- 还有，看上去更漂亮！

我们可能已经为这些好处而有点小小的心动，但是你会明白，更大的责任带来了各种各样的个人回报。想想你认识的有责任心的人，那些站在成功线之上的人，那些经常打开责任开关把事情做漂亮的人。你没有发现上述大部分好处已经构成他们生活的一部分吗？我们谈论的不是为了得到想要的东西而不顾后果的傲慢、自负的人。这种人不会在成功线之上，他们站不上去。承担责任的人不仅自己做出积极的改变，他们也为他们的关系和为其他人创造经验承担责任。来自成功线之上的积极的好处实际上是无穷无尽的，任何一条都能帮你坚定决心，做出正确选择。对于上面给出的列表，谁不想要其中任何一条？

奥兹法则

站到成功线之上的最重要的人是你。

测试一下

懒散是责任的杀手，必须采取正确的行动，它才会加速你的旅程，直至达成结果。这就是责任阶梯的四个步骤：去正视现实、承担责任、解决问题和采取行动。这需要通过问自己正确的问题，来帮助你实现目标、解决问题或获得业绩突破。

现在可以测试一下自己如何运用四个成功线之上的问题来获得个人责任的力量，以得到你想要的东西。记住，关键在于尽可能诚实和坦率地回答这些问题。

首先，定义你想要的东西。

我想要的是：______________________________

____

____

____

现在运用我们已经在书中提出的个人责任的问题去得到你想要的。你自己可以独立思考，或者找一个可以和你集思广益的人。这些问题是专门为帮助你有效地站到成功线之上而设计的。

1. 正视现实：什么是我最需要承认的现实?

这个问题的关键是弄明白到底发生了什么。下列问题帮助你进一步正视现实。

- 是什么出现问题了?
- 我需要听到的建设性反馈是什么?
- 我需要询问谁的反馈?
- 我蒙上自己的眼睛，不想让自己看到的是什么?

你对这些问题的回答将帮助你看到整个图景。你这样做了之后，聚焦于你最需要承认的现实，这样你就能取得一些实质性的进展。

2. 承担责任：我该如何解决这个问题或找到解决方案?

这个问题的答案将帮助你明白为什么你身处如

此境遇，以及你能为此做什么。下面这些补充性问题可以帮到你。

- 我在当前形势下正扮演着什么角色？
- 我有试图在同一时间出现在两个地方——既想站在成功线之上，又想站在成功线之下吗？
- 我会全身心地投入，向前推进吗？
- 他人面临同样情况时，我会给他什么反馈？

你的答案展示出你承担责任、全身心投入以及说到做到的机会。

3. 解决问题：我还能做什么？

对这个解决问题的难题的回答，会展现推动前进和看到真正的进步的新方法。可以考虑下列这些补充性问题。

- 如果一切取决于我，我还能做些什么？
- 我能控制那些我本来觉得超出自己控制范围

的事物吗？

- 如果用不同的视角来做事情，我会做什么？
- 如果我的生命取决于它，我还会做什么？

解决问题需要你发挥所有的创造性直觉，可以从与他人头脑风暴的解决方案中获得协助。小心不要让你的思维集中在你无法控制的事物上，必须专注于你能控制或影响的事物。

4. 采取行动：我负责做什么和什么时候做?

成功线之上的最后一个问题将帮助你锁定一个特定的计划，并将其向前推进。你可以考虑下列补充性问题。

- 我给自己的现实期限是什么？
- 我的计划分解成简单的、可操作的步骤了吗？
- 我可以向谁介绍我的计划及报告进度呢？
- 调整哪些因素将使我的计划更加现实？

待在成功线之上的关键是要把以上这些问题结合起来并采取行动。不要气馁，任何事物都需要一些时间来取得进步。在《异类：不一样的成功启示录》中，马尔科姆·格拉德威尔关注那些能导致人们在不同领域取得优异水平的成功的影响因素，他通过研究比尔·盖茨、披头士乐队之类顶尖成功人士来获得结果。

他得出一个惊人的结论：在任何领域取得成功的关键是练习一万小时的相关技能。他的一万小时定律表明，非凡的成功不是偶然，而是纯粹的实践和努力。

奥兹法则

通过问自己正确的问题来释放个人责任的力量。

你必须对计划保持足够的耐心，并坚持不懈地采取行动。一旦你这么做了，你就会获得回报。著名演员威尔·史密斯说：“区分天赋与技能的概念是一个最大的误读，尤其对试图出人头地、怀揣梦想成就事业的人而言。每个人都有天赋。技能则是投入大量时间，不断反复练习打磨技艺的结果。”

一个警告

我们还需要第一时间告诉你的是，在通往更大的责任的旅程中，不要走极端。

不要把责任发挥到极端

尽管我们想让你有意识地努力应用这些原则，但请不要走得太远。当偶尔失误时，不要责怪自己。不要让自己承担的任何责任确实超出你的控制。例如，你不能

- 选择你出生的家庭；
- 重组自己的DNA；
- 调整自己的智商；
- 改变你的祖国或其政治气候；

- 阻止犯罪；
- 挑剔你的老板或让他变得非常可爱；
- 阻止对你或你的家庭带来破坏的自然灾害。

上述情况真的是你无法控制的。但这并不意味着你没有责任现在去做些什么。

传道之前先实践

对于新学到的个人责任力量的知识，你会非常乐于传道给他人。分享个人责任的课程是一件好事，但是当你自己没有站在成功线之上时，是很难帮助别人的。记住，这不是“练习你所传道的内容”，这是“传道之前先实践”。根据我们的经验，当你这样做时，他人希望看到你身上的积极变化及你是怎么让它发生的，也就是你做了什么事情。当你与他人合作和分享你学过的东西时，你就会帮助他们摆脱成功线之下的坏习惯，同时你也能更好地记住这些原则，并让这些原则成为你日常生活的一部分。

管理压力

当你努力追求生活在成功线之上，实现目标，解决问题或创造新纪录时，你可能会觉得自己被驱使着要在某种程度上超越预期。这将带来压力，因此我们都需要管理压力。适量的压力是好事，但是一旦过载，将会导致失效。

首先，你需要睡眠。大多数人需要 8 个小时的睡眠，但经常只睡了 6.5 小时。为什么睡眠会影响我们的健康呢？科学家说，最后 1.5 个小时的睡眠时间包括我们大部分的快速眼动（REM）睡眠。REM 是周期性的，眼睛抖动是做梦的信号，这对我们的心理平衡和记忆至关重要。错过最后 1.5 个小时也会增加发生焦虑和抑郁（困扰着当今社会的两大挑战）的机会。确保睡眠的最佳时间会自然而然地提高我们体内多巴胺和血清素的水平，从而触发快乐的感觉。如果你错过了睡眠，你的幸福荷尔蒙将会减少，去看医生的风险将会增加。大多数治疗焦虑和抑郁的药物只能小幅度提高多巴胺和血清素的水平。我们不是否认抑郁症的存在，抑郁症是一个非常真实的身体状况，往往超出个人控制，需要非常严肃的医疗干预。我们只是说适量的睡眠是你能控制的东西，而且是应该控制的。

基础是充足的睡眠、有规律的锻炼和健康饮食，这比世界上所有药物效果都要好。务必关注这些基础因素，因为它们非常重要。

把他人提升到成功线之上

我们曾经听到一个故事，一小群人被要求将当地教堂的一台大型钢琴从一个房间搬到另一个房间。大钢琴又大又重，很笨拙但很值钱，这些业余搬家者没有一个知道如何搬动它。各种各样的主意涌现出来，但似乎没有人能保证人或钢琴的安全。然后有人建议他们只要紧紧地站在一起，然后“从你站的地方抬起它”。这个方式似乎太简单，但当人们去尝试的时候，钢琴仿佛施了魔法一样被举到空中。在大量的讨论和失败的想法后，人们发现他们只需要站在一起，然后从他们站的位置抬起它。

我们认为，当负责任的人带着一群成功线之下的人来到十字路口时，他们会做同样的事情。在阅读本书的时候，也许你已经对自己说，哇，某某真的需要运用这里的建议。我们知道人们都需要逃避成功线之下的引力，其中可能正好有我们认识的人：同事、丈夫、妻子、伙伴、亲戚、队友、老板或朋友。

把他人提升到成功线之上需要你去帮他们运用责任阶梯来应对他们的处境。首先问他们："你最需要承认的现实是什么？"认真倾听他们关心的事情，这可能是一大堆堵在他们前进之路上，使他们远离进步的障碍和糟糕的事情。一定要帮助他们看到整个图景，他们面临情境的真实状况。

然后问："你怎么解决问题或找到解决方案？"确保他们可以将自己的角色与正在发生的事情做出至关重要的联系。

接下来是解决问题的提问："关于取得进展、跨越障碍或向前推进，你还能做些什么？”你可能需要重复问这个问题。你在本章前面部分学到的一些补充问题也是有用的，如“如果你的生命取决于它，你会做什么？”

奥兹法则

把他人提升到成功线之上。

最后问：“你负责做什么和什么时候做？”当你通过帮助他人正视现实、承担责任、解决问题和采取行动来把他们提升到成功线之上时，制订一个向前推进的具体计划是一个漂亮的收尾。这是你将给予的赋予他们能力的礼物，一个灌输希望和激励前进的必要步骤。请记住，当你从你站的地方帮助他们提升到成功线之上时，每个人都将受益。

继续你的旅程

自始至终，我们都在讨论桃乐茜、稻草人、铁皮人和胆小的狮子。我们已经回顾了他们的发现，他们如何明白自己需要做什么——偶尔需要一点帮助——最后实现目标的历程。

如果一个朋友看到你读了本书，问道："奥兹的智慧是什么？"你会如何应答？现在你知道本书不是关于魔法师、黄砖路、邪恶女巫或会飞的猴子的故事。我们希望你能回答，《奥兹的智慧》讲述了通过承担个人责任而获得实现你想做的事情或解决问题的力量。它讲述了采取责任阶梯、正视现实、承担责任、解决问题和采取行动的过程，以及保持在成功线之上的知识和渴望。它讲述的是如何适应或者战胜你所处的环境，而不是被环境控制。最后，它帮助你逐步认识到，只有承担自己的思想、感情、行为和结果的全部责任，才能主宰自己的命运；否则，就会被别人或别的事主宰。

值得重复的是，《奥兹的智慧》中最重要的部分就是：

只有你释放出个人责任的积极力量，才能战胜你所面对的困难、获得你想要的结果。

我们希望你现在感觉很兴奋，因为你可以应用奥兹的智慧及其原则到生活的每个角落和每个缝隙。拥有这样的智慧，你现在应该有信心准备移开挡在你前进道路上的任何大山，并坚持去实现你内心的渴望。我们已经看到过数百万次成功。我们将看到它未来数百万次的成功，同样也深信不疑你能做到。

现在就开始吧！

The WISDOM *of* OZ

奥兹法则

The Oz Principles

我们认为，把贯穿《奥兹的智慧》中的所有奥兹法则集合到一起是有用的。这样你就可以很快地将其翻阅一遍，重温对承担更大责任的关键点的理解。

第 1 章

- 当你不能控制环境时，不要让环境控制你。
- 每次变革都需要“突破”。
- 勇担责任是一种你将做出的最有力量的选择。

第 2 章

- 责任是你的自我担当。
- 待在成功线之下不是个错误，但是一直待在那里是无效的。
- 站在成功线之上思考。
- 你必须为你的思考和行为方式负责。

第 3 章

- 成功线之下不会发生任何有意义的事情。
- 玩“指责游戏”从来没有带来过更好的结果，

而且永远不会。

- 不要扮演受害者的角色。

第 4 章

- 看到事物的本质。
- 检查你的盲点。
- 正视现实需要多听少看。
- 负责任的人寻求反馈。
- 反馈塑造勇担责任的人。

第 5 章

- 问问你自己，你是一个“租赁者”还是一个“所有者”？
- 承担责任意味着让它比当初变得更美好。
- 多做一点点，它会让你脱颖而出。
- 如果你不是问题的一部分，你也不可能是解决方案的一部分。
- 如果不能建立联系，你就不能承担责任。

第 6 章

- 超越“快速修复”。
- 像“我的生命完全取决于它”一样思考。
- 你必须移走大量泥土，才能得到黄金。
- 只有 行动才会产生结果，即使你不知道你正在做什么。

第 7 章

- 在你没有采取任何行动之前，什么也不会发生。
- 你对成功的渴望要远远大于你对失败的恐惧。
- 不要让引力把你拉下马。
- 理由一旦成为借口，你很快就会以它们为挡箭牌停止解决问题的努力。

第 8 章

- 让它成真！
- 你不可能在同一时间出现在两个地方；请选择站在成功线之上。

奥兹法则

- 站到成功线之上的最重要的人是你。
- 通过问自己正确的问题来释放个人责任的力量。
- 把他人提升到成功线之上。

奥兹的智慧

只有你释放出个人责任的积极力量，才能战胜你所面对的困难、获得你想要的结果。

The WISDOM of OZ

关于作者

三届《纽约时报》畅销书作者罗杰·康纳斯和汤姆·史密斯已经写了比任何人都多的关于个人责任主题方面的书籍，被很多人称为"奥兹小子"。基于他们的畅销书《奥兹法则：效果取决于个人和组织承担责任的能力》，罗杰和汤姆在过去25年已经辅导了若干世界上顶尖的商界领袖和组织。他们是伙伴领导力、责任培训和文化变革公司的联合创始人。他们被誉为在他们的专业领域最具影响力的人，对全球数百万人的生活质量有着不可思议的影响。

作为"责任和改变主题的全球级专家"，罗杰和汤姆的公司提供了领导力培训，引导成千上万个组织中数以百万计的人们做出改变。他们的工作创造了数十亿美元的股东财富、成千上万的就业机会，以及许多世界上最好的工作场所。你可以通过访问下述网址了解更多关于他们的书、工作坊和培训的内容：www.thewisdomofozbook.com。

企业文化建设之个人责任意识

《QBQ！问题背后的问题》（钻石版）

ISBN：978-7-121-25791-9　定价：25元

- 提高个人责任意识，是解决所有问题的核心。
- 全球 1000 多个组织使用的责任意识宝典。
- 推诿、抱怨、拖延，执行不力是很多组织内部的通病。
- 缺乏责任意识的组织和个人，将无法在市场竞争中获胜。
- 书中包含提高员工责任意识的实践活动，易于阅读学习，同时能方便应用与生活工作中。
- 短小精炼，切合实际，是很多知名企业大量团购的首选。

《QBQ！问题背后的问题 II：提高个人责任意识》

ISBN：978-7-121-34742-9　定价：36元

畅销书《QBQ！问题背后的问题》的姊妹篇。

《QBQ！问题背后的问题 III：成就组织卓越》

ISBN：978-7-121-35471-7　定价：45元

畅销书《QBQ！问题背后的问题》的团队篇。